环境
规划与管理
一本通

空间、方位、色彩、人文环境规划与管理

宋政隆◎著

台海出版社

图书在版编目（CIP）数据

环境规划与管理一本通 / 宋政隆著. -- 北京 ：台海出版社，2024. 6. -- ISBN 978-7-5168-3890-7

Ⅰ．X32

中国国家版本馆 CIP 数据核字第 202427WL51 号

环境规划与管理一本通

著　　者：宋政隆

出　版　人：薛　原　　　　　　　　　封面设计：回归线视觉传达

责任编辑：王　艳

出版发行：台海出版社

地　　址：北京市东城区景山东街 20 号　　　邮政编码：100009

电　　话：010-64041652（发行，邮购）

传　　真：010-84045799（总编室）

网　　址：www.taimeng.org.cn/thcbs/default.htm

E - m a i l：thcbs@126.com

经　　销：全国各地新华书店

印　　刷：香河县宏润印刷有限公司

本书如有破损、缺页、装订错误，请与本社联系调换

开　　本：710 毫米×1000 毫米　　　1/16

字　　数：180 千字　　　　　　　　印　　张：14

版　　次：2024 年 6 月第 1 版　　　印　　次：2024 年 6 月第 1 次印刷

书　　号：ISBN 978-7-5168-3890-7

定　　价：68.00 元

打造人工环境　强化人文管理

人类赖以生存和生活的空间环境，是人类打造的人工环境，它意味着人类对美好生活的追求。什么是人工环境？可以有广义和狭义的理解。广义的人工环境包括人类社会所有人工构建或改造的环境要素，是人工环境概念的综合与扩展，涵盖人类生存与发展的全部人工环境。广义的人工环境侧重于为作物正常生长发育而进行环境创造；而人为的环境污染、干扰和破坏导致植物资源减少的现象凸显，是广义人工环境的负面后果。狭义的人工环境在环境学中被分为"点状环境"、"线状环境"和"面状环境"。点状环境包括城市环境、乡镇环境、城郊过渡带和农村；线状环境包括公路、铁路、地铁、航线等；面状环境包括农田环境、人工森林和水利环境。由此可见，狭义的人工环境是指人类以自然环境为依托，按照自己生活和生产的需要，对自然环境进行加工、改造所形成的环境，主要指城市、农村、工矿区、住宅区、疗养区等。狭义的人工环境侧重于人类生活的直接环境，对于居住、工作和生活的建筑环境及相关设施颇有讲究。

打造人工环境，人文管理不能缺席。事实上，人文管理在人工环境打造过程中发挥着至关重要的作用。人文管理强调从人的视角出发，根据人的生理、心理需求和社会属性进行整体考虑，并将结论充分融入环境设计与规划的各个方面。人文管理主张全方位培育，是微观的和具体的，主要体现在增强环境意识、完善环境设施、营造环境氛围等方面。良好的人文管理使人成为环境设计的主体，其终极目的是让人工环境在满足生存需求的同时，丰富人的精神世界与生活内涵。

人工环境建设涉及空间布局、建筑设计、景观美化等多个方面，它直接影响和决定着人们的生活质量和心理状态。良好的人工环境通过视觉影响、空间氛围与文化内涵等手段，激发人的归属感，实现人与环境的情感共鸣。这需要在设计理念和具体方案中体现人文关怀，根据人的审美眼光和社会习性进行规划布局。人文环境是当今最时髦、最常用的一个词汇，它是一定社会系统内文化变量的函数，文化变量包括共同体的态度、观念、信仰系统、认知环境等。人文环境是社会本体中隐藏的无形环境。然而，在诸多设计要素中，人文环境的构建往往被忽视或重视不足。本书针对城市、企业、住宅环境的研究，通过空间、方位、外观、色彩、人文构建规划与管理，阐述狭义人工环境本身，更兼顾其与自然环境的关系。在具体的规划、设计与管理中，更加关注人的生理和心理需求，追求环境的宜居性、舒适性与美观性，以及与自然和社会的和谐。书中蕴含的人文管理方式，旨在阐明人文环境在环境设计中的重要性，探讨人文环境的内涵与构建方法。通过对人文环境治理的分析，试图提示更多设计师对人文环境的重视，在设计之初理解空间属性，尊重历史记忆，融入更丰富的人文情怀。同时，本书也希望在人文环境方面有所建树，为进一步研究提供理论基础和设计参考。

人文环境的构建可以赋予空间以生命力，让设计成果更契合人性。本书介绍的人文环境规划与管理的终极目的在于服务人类，满足人们的物质需求和精神需求，以达到"天人合一"之境界。本书诚邀读者一起来探讨环境设计的人文向度，打造人本主义的人工空间。

| 目 录 |

1

第三部分　企业环境规划与管理

第四部分　住宅环境规划与设计

第一部分
环境规划与管理及其发展

第一章　环境规划与管理概述

环境规划与管理是人文环境治理体系中的两个关键组成部分，良好的环境规划为管理决策与行动提供了基本遵循，环境管理的实施与效果又反过来推动环境规划的修订完善。规划负责指引方向，管理负责实施路径。二者紧密协作，实现环境、资源与人类社会协调发展，创造宜居的生存环境。

环境规划与管理的概念

环境规划与管理为环境保护和治理提供了基本方向与行动纲领，对实现人与环境的可持续发展至关重要。环境规划是基于对环境与资源的全面分析与评估，提出对环境要素合理利用与空间结构优化的总体设想和长期目标。环境管理则依托规划，采取行政、技术、经济等手段，对各环境要素进行组织、指导、协调和监督，以实现环境功能的持续改善和环境质量的提高，促进人与环境的协调发展。环境规划与管理在环境治理和环境保护领域发挥着极为关键的作用，它们相互依存、相互促进，共同指引和推动着人与环境的协调发展和可持续进步。

1.环境规划的概念、目的、方法与作用

环境规划是一种对环境要素和环境资源进行前瞻性组织、布局和利用的活动。它基于对区域环境资源与环境要素的调查分析与评估，按照可持

2

续发展的原则，提出环境资源合理开发、环境要素最佳配置的总体设想、长期目标和实施路径。

1972 年，在《联合国人类环境会议宣言》（又称《斯德哥尔摩人类环境宣言》）中明确指出："合理的计划是协调发展的需要和保护与改善环境的需要相一致的"，"人的定居和城市化工作须加以规划，以避免对环境的不良影响，并为大家取得社会、经济和环境三方面的最大利益"，"必须委托适当的国家机关对国家的环境资源进行规划、管理或监督，以期提高环境质量"。《中华人民共和国环境保护法》第四条规定："国家制定的环境保护规划必须纳入国民经济和社会发展计划，国家采取有利于环境保护的经济、技术政策和措施，使环境保护工作同经济建设和社会发展相协调。"第十二条规定："县级以上人民政府环境保护行政主管部门，应当会同有关部门对管辖区范围内的环境状况进行调查和评价，拟定环境保护规划，经计划部门综合平衡后，报同级人民政府批准实施。"可见，环境规划是国民经济和社会发展的有机组成部分，是环境管理的首要职能，是环境决策在时间、空间上的具体安排，是规划管理者对一定时期内环境保护目标和措施作出的具体规定，是一种带有指令性的环境保护方案。环境规划的实质是一种克服人类经济社会活动和环境保护活动盲目和主观随意性的科学决策活动。

环境规划的目的在于实现环境、资源与人类社会的协调发展，它以生态环境的完整性及经济和社会价值作为出发点，在更长的时间跨度内合理划分并规划各环境要素和资源的空间结构与利用程度，最大限度地发挥环境的经济效益、社会效益和生态效益。

环境规划分为战略环境规划和行动环境规划。战略环境规划从高层面提出总体愿景、长期目标和阶段性任务，为决策者提供高层决策依据。行动环境规划在此基础上提出具体的实施方案、路线图与措施，为管理部门的环境管理活动提供操作性指引。一般采用定性和定量相结合的方法，重点对环境敏感区域与要素进行评估分析，提出环境空间的功能区划与资源利用程度的建议方案。环境规划为环境管理的组织实施与环境目标的实现提供基本遵循和行动指南。环境规划的成果体现为环境资源利用与环境空间结构的最佳配置。

环境规划作为环境管理的先导，在环境治理体系中处于战略高度和基础性地位。实施好的环境规划能为环境资源的可持续利用与环境功能的协调发展提供基本保障。

2. 环境管理的概念、目的、方法与作用

环境管理是在环境规划的基础上，通过行政、经济、技术等手段，对各种环境要素和环境资源进行组织、指导、调控和监督，以实现环境质量标准和环境功能的持续改善的活动。

对于环境管理的含义，中外研究者有很多。美国学者 G.H. 休威尔于1974 年撰写的《环境管理》一书中指出，环境管理是对损害人类自然环境质量的人的活动施加影响，尤其是损害大气、水和土地的外观的人的活动。库克等人所著的《环境管理中的地形学》一书中使用了类似的定义，将环境管理描述为利用土地、大气、植物和水的一系列人类活动。刘天齐于 1987 年在其主编的《环境技术与管理工程概论》一书中探讨了环境管理的含义：通过综合规划，协调发展与环境的关系；利用经济、法律、技术、行政、教育等手段限制危害环境质量的人类活动；实现发展经济以满足人类基本需求，同时不超过环境容许极限的目标。根据国内外学者的研究成果，对环境管理含义的理解，应注意以下几个基本问题：第一，协调发展与环境的关系；第二，使用各种手段限制破坏环境质量的人类行为；第三，环境管理是一门新兴的跨学科综合性学科；第四，环境管理和任何管理活动一样，也是一个动态的过程；第五，环境管理需要各国采取协调

和合作的行动。

环境管理的目的是实施环境规划，解决具体的环境问题，提高环境质量，实现人与环境的协调发展。环境管理依托环境规划提出的目标和政策，对影响环境质量的各类污染和破坏因素进行监测、控制和治理，以减少和避免人类活动对环境的不利影响。

环境管理涉及环境行政管理、环境经济管理、环境技术管理等多个层面。其中，环境行政管理以制定相关政策法规和组织管理行政流程为主；环境经济管理利用市场机制和经济杠杆调节各方环境行为；环境技术管理则运用科学技术手段监测、控制和减少污染物排放与环境破坏。

环境管理注重具体行动和实施，在各空间维度和管理层面推进具体工作，解决具体问题，其表现手段直观并具有操作性。

3. 环境规划与环境管理的关系

环境规划与环境管理之间存在着密切的相互依存关系。环境规划基于对环境现状的调查与评估，提出环境空间的合理利用与环境要素的最佳布局规划，指引环境的发展方向与总体布局。环境管理则在此基础上，采取具体措施推进规划方案的实施，不断优化和改善环境，解决实际存在的问题，提高环境质量与功能，实现人与环境和谐相处。

环境规划作为先导，提供环境管理工作的基本遵循，但其本身只是理论设想，真正改变环境状况的是环境管理推出的实施方案与行动措施。环境管理不仅推进规划成果的转化与实施，更会在实践中发现规划方案的不足与缺陷，并将这些反馈意见写入环境规划中，促进规划方案的修订与完善，使之更加科学合理，切合实际需要。

环境规划主要在战略和总体层面发挥作用，环境管理的工作更加强调具体问题的解决和行动的实施。但二者都以改善环境质量、提高环境功能为最终目的，对实现人与环境协调发展至关重要。良好的环境规划为管理工作提供了清晰的方向，管理工作的成效又反过来推动规划成果的更新，二者相互依存、相互促进。

环境规划与管理需要环境规划和环境管理这两大机制紧密协作、相互补充，共同发挥作用。环境规划负责指导方向，环境管理负责实施路径。二者通过目标导向、政策衔接、效果反馈等方式实现有机衔接，协同推进环境品质的提升与功能的优化完善。人与环境和谐发展的实现，有赖于环境规划与管理的有效结合。

环境规划与管理的内容

环境规划和环境管理的内容各有侧重。环境规划着眼于长远、侧重于战略与总体。它通过对区域环境现状的调查评估，提出环境保护与发展的长期目标和基本方针，确定环境空间的合理利用与环境要素的最佳布局，指导环境治理的大方向。环境管理更加注重具体问题的解决与行动的实施。它依托政策法规和技术手段，不断优化和改善环境，提高环境质量与功能，实现环境规划的目标和愿景。

1. 环境规划的主要内容

环境规划的主要内容是通过调查评估、目标确定、功能区划、空间布局和资源利用规划等手段，提出区域环境保护与发展的长远目标和总体方向，从而在战略和总体层面发挥作用。

环境基础调查与评估。包括对区域环境现状、环境资源与环境问题的全面调查与分析评估，为环境规划提供基础信息和决策依据。

环境保护目标与原则。根据区域环境现状与面临的问题，提出环境保护与可持续发展的总体目标和基本原则，为后续规划提供价值取向和行动依归。

环境功能区划。根据区域环境资源与环境要素的空间分布，合理划分各功能区，如生态保护区、农业发展区、城镇居住区等，明确各功能区的环境要求与资源利用规则。

环境空间布局。在环境功能区划的基础上，设计区域内的点、线、面等环境要素的最佳空间配置，包括道路、管网、公共设施等的布局规划。

环境资源利用规划。对各类环境资源如水、土地、矿产等的供给量与需求量进行测算与预测分析，提出资源的合理开发利用方案、利用强度及动态平衡机制。

环境基础设施规划。对环境基础设施如污水处理、固体废物处理、公共绿地等的布局、规模与产能等进行规划，满足功能区的环境要求和环境资源的动态平衡需要。

环境管理制度和政策设计。根据环境规划，设计一系列环境管理制度、政策和法规，为环境管理提供基本遵循和行动纲领。

实施机制与路径。提出落实环境规划的责任体系、资金保障、技术手段、宣传教育等措施与路径，确保环境规划的高效实施。

2. 环境管理的主要内容

环境管理强调的是依托政策法规和技术手段，通过监测监督、污染防治、生态保护、资源管理、环境影响评价等措施，将实践中暴露出的问题与经验反馈给环境规划，推动规划方案的不断修订完善，使之更加符合实际需要。

环境政策与法规。制定各级环境政策、法律法规和标准，为环境管理提供基本遵循和执行依据。

环境监测与监督。通过建立环境监测网络和制度，对各类污染物排放和环境质量变化进行持续监测，以掌握环境状况和变化趋势，并在此基础上开展环境监督检查,确保相关政策法规的贯彻执行。

污染防治。针对环境监测结果,对存在污染超标和破坏问题的企业、场所进行监督约谈或处罚,责令其采取相应措施进行污染防治与控制,达到标准要求。

生态修复与保护。对已遭破坏的生态系统和环境进行修复、恢复与保护,将其重建为适宜人类社会可持续发展的状态,同时采取措施防止生态破坏与生物多样性流失。

废弃物管理。对各类污水、废气、固体废物等进行收集、处理、处置或回收,实现资源的循环利用和污染防控。

环境影响评价。对各类开发建设项目在规划设计阶段进行环境影响评价,识别和评估其实施对环境的影响,提出防治和减缓措施,以最大限度地减少对环境的影响。

应急管理。建立环境应急管理机制,制定应急预案,加强环境应急救援体系建设,为突发环境事件的有效应对做好准备,尽可能减轻和消除突发环境事件造成的影响与损失。

宣传教育。加强对公众的环境意识培育,开展环境知识普及和教育宣传工作,增强社会各界对环境保护与可持续发展的重视和支持,动员社会力量共同参与环境管理。

国际合作。在全球环境变化和跨界污染问题上,开展国际交流与合作,实现在环境管理领域的信息共享、技术转移与协同治理。

环境规划与管理的原则

人工环境与自然环境是密不可分的两个方面，人工环境规划与管理必须遵循与自然环境相和谐的原则。人工环境规划与管理要以生态理念为指导，遵循自然规律，实现资源高效利用和生态平衡。只有人工环境与自然环境和谐统一，人类社会才能实现可持续发展，创造宜居的人居环境。人工环境的建设离不开对自然环境的尊重与保护，因此，与自然环境相和谐的原则应作为城市、企业和居住环境规划与管理的通则，予以遵循。

1. 尊重自然规律的原则

环境规划与管理应以尊重自然属性为出发点，避免破坏自然平衡，尽量减少人为干扰，实现人工系统与自然系统的协调。

应遵循自然规律，符合自然属性。不同的自然要素，如地形、水系、植被等都有其自身形成与演变的规律。环境规划与管理需要对自然规律有清晰的认识，并在设计时加以遵循，如根据地形特征选择适宜的建筑类型和布局，根据地理位置和气候特征选择符合当地属性的植物配置等。

应维持自然秩序，减少破坏。自然环境是一个整体，各要素之间存在相互依存的关系。环境规划与管理在利用自然资源的同时，要尽可能减少对自然环境的破坏，维持其原有的平衡状态，具体措施包括控制污染物排放，处理好废弃物，保护生态系统的完整性等。

应关注生物多样性，保护生态连续性。在开发利用自然资源时，要避免划分自然空间，破坏生态廊道，并关注不同生物之间的联系，保护物种迁徙通道的连续性。避免生态破碎化，维持生态系统的完整性。

在环境规划与管理活动结束后，需要采取生态修复措施，促进自然环境向更稳定的状态演替。例如，采用本地物种进行植被恢复，控制外来物种，消除污染源，恢复水系连通等，促进生态系统恢复到开发前的状态。

2. 节约资源的原则

环境规划与管理需要遵循资源节约和循环利用的原则。合理利用各类空间与自然资源，优先选用可再生资源及新技术，建立生命周期管理的思路。在整个规划与管理过程中实现资源消耗最小化，减少环境负荷，实现资源的循环利用和持续供应，达到资源高效利用与环境可承受的平衡状态。

合理利用空间，避免浪费。空间资源是稀缺的，环境规划与管理需要在紧凑的空间中，合理划分各种功能区，避免过度依赖扩张来解决空间问题，杜绝空间资源的浪费。

优先利用可再生资源，实现循环使用。在选用规划与管理要素时，应优先考虑可再生资源，如太阳能、地热能等。在设计环节也要考虑资源的循环利用，如雨水收集利用、生活污水处理再利用等，实现自然资源的可持续利用。

鼓励新技术应用，提高资源利用效率。可以采用先进的环保技术与设备，在规划设计与环境管理中发挥作用。例如，采用节能技术、新型建筑材料，利用智慧系统监控环境质量，消除资源浪费，全面提高资源利用率。

注重生命周期管理，减少对资源的浪费。在选择环境规划要素和进行环境管理时，需要考虑其全生命周期，选择资源消耗少、污染少的材料与方案。同时，建立从生产、使用到废弃的全过程管理，减少资源的过度开采与浪费，实现环境全生命周期管理。

3. 保护生态的原则

环境规划与管理要遵循保护生态的原则，通过对生态环境的深入研究，评估人工活动对生态系统的影响，以实现人与自然的和谐共生。

应深入解析自然环境，了解生态系统的结构与功能。识别区域内重要的生态要素，如植被群落、水系、湿地等的空间分布与生态作用。明确自然资源的承载力，为人工活动的开展提供基础参考。

应在开展环境活动前，对生态环境影响进行评估。评估活动对生态要素的破坏程度，是否会改变自然生态系统的结构与功能。根据评估结果制定生态保护措施，避免或减轻对环境的不利影响。

应在设计空间形态和布局时，考虑自然生态的廊道与节点。预留生态廊道，维持生态要素之间的联系；识别生态节点，提供生物栖息地，促进生物的多样性。实现生态空间的连通，避免生态破碎化。

应注重对具有重要生态价值的自然空间的保护。对于生态脆弱区域与生物重要栖息地，应避免开展大规模的人工活动。在利用自然资源时也需要遵循限制性开发的原则，控制环境容量，达成资源利用与生态保护的平衡。

应加强生态监测与修复，实现适应性管理。在环境建设完成后，要长期监测生态系统的变化，如生物量与多样性的变化、污染物浓度变化等。依据监测结果提出生态修复措施，采取灵活的管理策略，使生态系统适应环境变化，实现稳定与可持续发展。

4. 绿色环保的原则

环境规划与管理应遵循绿色环保的原则。通过使用环保材料与新技术，优化空间布局，减少污染物排放与交通压力。建立源头管理与监测体系，最大限度地减少环境负荷，实现资源高效利用与环境保护，打造宜居环保的环境。

应优先使用环保材料，减少资源消耗。在选择规划要素时，优先考虑使用可再生、可回收和低污染的建筑材料。以减少对矿产资源的开采与利用，减轻环境负荷。

11

应合理布局各类功能区，减少交通排放压力。科学划定生产区、居住区和公共服务区的空间位置，实现各功能的协调发展。完善交通网络，提供人与活动的便捷联系，减少汽车依赖，减轻交通排放压力。

应建立源头管理，实现减量化。通过新技术、新工艺和人工手段，最大限度地减少污染物和废弃物的产生量，如采用清洁生产工艺、回收再生系统，同时严格执行污染排放标准，实现减量化环境管理。

应加强监测预警机制，完善监管体系。建立环境质量监测体系，定期监测各类污染物排放与环境质量变化，一旦出现污染物超标排放或环境质量问题，应及时采取治理措施，避免污染扩散或加剧。健全环境管理机制，实施全过程管制，以保护人居环境。

5. 整体优化的原则

环境规划与管理应遵循整体优化的原则，运用系统思维，统筹各方资源，发挥资源特色。构建弹性机制与协调机制，实现环境与周边区域的动态稳定和有机协调，达成资源的高效利用。

应建立系统思维，把握规划整体。环境规划与管理是一个复杂的系统工程，各个要素相互依存。规划者需要具备系统思维，在设计各个子系统时，考虑其对整体环境的影响，实现资源的最优配置与各系统的协同效应。

应统筹各方资源，发挥综合效益。环境的建设需要投入大量资金、技术与人力。规划者应充分调动各方面的资源，如土地、人才、资金、新技术等，通过统筹利用，发挥其综合效益，降低环境建设成本，提高资源利用效率。

应因地制宜，发挥区域特色。不同的区域有其独特的自然、社会与文化条件，这些条件反过来会影响环境的发展方向。规划设计需要根植于本地，贴近区域特征，体现出区域的生态文化个性。

应引入弹性机制，提高适应性。环境是一个动态系统，若环境过于封闭与固定，则难以适应变化。规划者需要考虑环境的弹性机制，如生态廊道、绿地系统等，使环境在发展变化过程中保持动态稳定。

应建立协调机制，实现联动发展。环境是一个开放系统，规划者需要建立信息沟通机制，实现环境与周边城市、自然环境的有机衔接与协调发展。创设各种空间装置，强化环境的连通性。

6. 可持续发展的原则

环境规划与管理应遵循可持续发展的原则，在满足当前发展需求的同时，兼顾资源与环境的可持续性，促进社会与经济协调发展。建立适应性管理机制，依托社会参与，使环境在发展过程中保持弹性、稳定与连续演进，实现可持续发展。

应在利用环境资源和开展建设活动时，兼顾当代人与后代人的需求。不过度开发利用资源，保持资源的规模与生产力，为后代留存发展空间。

应兼顾资源利用与环境保护。在利用自然资源的同时，要控制资源利用规模，避免破坏环境。通过先进技术与管理手段，实现资源的高效与循环利用，减少废弃物排放，达成资源利用与环境保护的平衡。

应注重经济发展与社会进步并重。环境建设不仅要满足经济需求，也要满足社会与文化需求。要兼顾社会公益，提供良好的工作环境和居住环境，促进社会进步，提高人民生活幸福感。

应建立灵活机制与适应性管理模式。例如，设置生态廊道、控制建筑高度、采用新技术手段等，使环境在发展过程中保持弹性与稳定。依监测结果，采取相应的管理措施，实现环境的可持续发展。

应全面参与和社会合作。环境规划需要广泛听取各方意见，特别是公众意见。与企业、社区合作，共同推进环境建设。尤其对于城市和企业来说，唯有全社会共同参与、共同维护，才能实现环境的长治久安和可持续发展。

环境规划与管理的方法

环境规划与管理是一个系统工程，相互依存、不可分离。规划阶段需要遵循系统思维，提高前瞻性，实现资源优化配置与环境的可持续性。管理阶段需要建立动态监测与调控机制，对环境变化进行及时响应，确保规划方案的实施效果。

1.环境规划方法

环境规划需要运用系统思维，构建总体框架。开展环境资源调查与生态评估，了解区域环境现状，找出主要问题与限制因素。在此基础上，提出环境发展的总体目标和空间框架，确定各类功能区的布局方向。规划开始时可以采取系统解析法——运用系统理论与方法论把握环境的系统属性，解析各子系统之间的相互关系与作用机理，以实现资源最优配置与各系统的协同效应。

规划前期需进行环境影响评价，评估规划方案对环境要素的影响，找出潜在的负面影响，并提出有针对性的保护措施与优化策略。这时可以采取评估分析法，即针对规划与建设活动对环境的影响进行评估分析，如环境影响评价。评估项目对自然生态、资源与环境的影响，提出有针对性的保护措施，以减轻负面影响。也可以采取参与协商法，广泛听取公众和利益相关方的意见，进行协商讨论，增强规划方案的可操作性与合理性。比如，与企业、社区等开展协商，达成规划方案的共识，实现多方参与和社会协作。

政府部门需要利用政策法规手段，对规划提出的重点内容给予政策支持。例如，对新技术应用、污染治理设施建设、关键生态区域保护等，提供财政支持和税收优惠政策。这有助于促进规划方案的顺利实施，实现环境目标的达成。

此外，还可以借鉴国外成功的经验与案例进行示范试点，不断推动规划理念与技术的更新。也可构建多种社会发展情景，如高增长情景、低碳情景等，评估不同情景下环境的响应，找出潜在问题，为选择更适宜的规划方案提供参考，提高规划的科学性与前瞻性。

在具体设计阶段，需要运用景观设计理论，通过点、线、面的空间组合，实现功能与美感的统一。根据地形地貌与区域文化特色，运用本地的自然材料与建筑手法，打造独特的环境景观，实现与自然和谐共生。

具体设计阶段可用的方法很多，都是为了落实规划理念。比如，可以采取情景模拟法，即根据未来社会的发展趋势，设定多个发展情景，评估不同情景下环境的状况，找出潜在问题，然后在此基础上优选和修正规划方案，增加规划的前瞻性。此外，也可以采取空间设计法，即在具体的设计环节，运用景观设计与环境设计理论，通过点、线、面等空间要素的适度搭配，实现功能与景观的高度融合，创造宜人性与美感。

2. 环境管理方法

环境管理需要建立监测体系，制定管理标准，实施全过程管控。定期评估管理机制，采取新技术，不断创新。加强公众教育，提高参与度。政府提供政策与资金支持，建立高效管理体制，不断提高管理水平与效能，确保环境规划目标的实现。

要运用监测评价法，建立环境监测网络，选择关键指标，如对污染物浓度、生态要素变化等进行定期监测，一旦监测结果超出标准或出现异常，须及时采取应对措施，予以修正或更新，促进环境的适应性管理。管理者需要理解规划理念，遵循可持续发展的原则，使环境在发展过程中符合原定目标。

　　要制定相关的环境管理办法、操作规程与标准，如污水处理标准、固体废弃物管理办法、绿地管理规程等，实施全过程监管。同时，定期组织执法检查，对违法行为进行处罚，确保相关标准和规定的贯彻执行。

　　要加强与公众的互动沟通，增强公众的环境意识与参与度。公众作为环境资源的使用者，其习惯与行为会直接影响环境质量。因此，需要加大环境教育力度，引导公众形成环保行为，共同维护周边环境。而且，公众也可以成为城市环境监测的力量，对环境问题实时监测与反馈，有助于管理者提高工作效率。

　　管理部门需定期评估管理机制的实施效果，查找机制运行中存在的问题，不断进行管理机制的优化与创新。同时，要加强对新技术、新设备的应用与管理，不断推动管理模式的转变，提高环境管理的智能化与专业化水平。

　　政府相关部门需加大对环境管理工作的投入与支持。制定相关政策法规，对环境监测、污染防治和生态保护等给予资金拨付与税收等支持。加强管理体制建设，开展管理人员的专业技能培训，不断提高管理效能，为环境管理工作提供有力保障。

第二章 环境规划与管理的行业解读

环境规划与管理的行业涉及咨询服务业、建筑工程业、监测修复业、培训教育业以及技术产业等领域，这些领域提供专业知识、技术手段、项目建设等方面的支持，与核心行业协同配合，共同促进环境规划的编制、实施与管理。城市规划、环境科学、景观设计、资源管理、环保科技等多个方面，为环境建设提供理论与技术支持。本章讨论的议题，就是围绕行业领域、理论与技术展开的。

环境规划与管理的行业发展概述

环境规划与管理起源于工业化时期。随着工业化的加速发展，人类活动对自然环境造成了巨大影响，环境问题日益严重，人类开始意识到保护环境的重要性。19 世纪后期，一些发达国家开始对环境问题进行系统研究，并制定了环境保护政策与法规，标志着环境管理的开始。1972 年，联合国在斯德哥尔摩召开人类环境会议，发表《联合国人类环境会议宣言》，公认环境保护的重要性，这被视为环境规划与管理的里程碑。20 世纪 70 年代，随着对环境问题认识的加深，与环境规划相关的新理念和技术手段开始出现和应用，如生态规划与可持续发展理念、环境影响评价等。20 世纪 80 年代以后，全球环境问题日益严峻，环境规划的理念与技术不断发展。生态与可持续发展成为环境规划的核心理念。进入 21 世纪，随着对生态环境变化影响的深入认识，环境规划与管理更加注重整体的可持续性、适应性与协调性。环境管理功能不断增强，新技术与新机制广泛应用，环境管理水平显著提高。许多新型环境规划开始应用，如低碳城市、生态城市等，绿色循环发展成为新趋势。

事实上，人工环境规划与管理的发展与上述发展情况几乎是同步的，并且规划和管理的新理念、新方法、新机制层出不穷，具有明显的注重整体生态与循环性的时代特征，表明人类与环境之间的互动日益密切。此外，上述环境规划与管理的历史脉络，让我们完全可以乐观地看待这一行业的未来发展前景。

1. 环境规划与管理相关行业概述

环境规划与管理涉及诸多行业，核心行业直接参与规划与管理工作，其他行业在服务咨询、技术支撑、项目建设、管理保障等方面提供支持，相互协同，共同推动环境规划的编制与实施，提高环境管理水平，实现环境的可持续发展。各行业的发展状况在一定程度上反映和决定了环境规划与管理行业的整体水平。

环境监测与评价行业是环境规划与管理行业的核心行业，是环境规划与管理工作的主导力量。该行业直接参与环境的规划编制、环境管理和专业设计等工作。运用监测与分析技术手段开展系统的环境资源调查与环境基础研究。评估规划方案对环境的影响，提出环境保护措施与生态优先顺序，同时也为环境管理部门提供决策支持，实施环境监测与预警。在规划阶段，对存在环境问题的区域和行业提出治理方案，为综合治理提供技术支撑。

景观设计与园林行业在规划建设各类公共空间与市政绿地时，根据区域特色采用生态设计理念，选择适宜的植物配置，最大限度保留原有植被，打造绿色基础设施，为城市环境质量改善提供空间载体。同时，对已建成绿地实施全生命周期的专业管理，维护环境景观质量。

资源环境管理行业研究资源利用情况和新能源应用，提出资源综合利用方案和循环产业发展模式，并在环境管理中采取措施加强对废弃物资源的回收利用，减少资源消耗与环境负荷。同时，开展清洁生产审核，提高资源利用效率，减少污染物排放。

建筑与工程行业是环境规划方案落地的重要实现力量，负责各类环境基础设施与公共设施的建设工作，如水利水电工程建设、道路桥梁建设、园林绿化工程建设等。

其他行业如市政公用设施建设、环保设备制造、再生资源回收、电子与智能产业、服务业、培训与教育……为环境规划与管理工作提供了相关支持与保障。

2. 环境规划与管理行业的技术与理论支撑

随着相关理论与技术的进步，环境规划与管理行业在理论与技术层面取得了长足进步。新理念指导工作方向，新方法提高工作效率，新技术提供技术支持，专业技能更加系统和跨学科，管理机制日趋完善……这些进步为环境规划与管理工作提供了理论基础、技术手段和决策保障，显著提高了其科学性、前瞻性与系统性，以适应环境问题的复杂性与全球性特征。

在理论层面，随着社会经济的发展，新理念不断涌现，理论视野更加宽广与前瞻，为工作提供了指导。在方法论层面，环境规划与管理工作采用多学科综合与定量分析的方法，提高了工作的科学性与可操作性。在技术层面，环境规划与管理工作采用先进的技术手段与工具，提高了工作效率与精度。在专业能力层面，环境规划与管理工作需要涉及自然科学、社会科学与管理学方面的知识，并掌握相关技能，提高工作质量。在管理层面，运用先进的环境规划理念与工作方法，建立创新机制，提高工作效率。

环境规划与管理的定位、目标与行动路径

环境规划属于前瞻性的指导工作，定位在制定长期目标和总体思路上；环境管理属于组织实施工作，定位在监督政策执行与解决现实问题方面。规划工作以制定战略、确定空间结构与提出治理方案为路径，目标是实现发展与保护相协调；管理工作以监督管理、治理污染与应对事件为路径，目标是改善环境与防控风险。规划提供"思路"，管理实现"行动"。首先，两者通过战略实施与问题解决，共同推进环境治理与可持续发展。其次，两者只有紧密配合，才能充分发挥环境规划与管理体系的整体效能，实现环境与发展的有机结合。

1. 环境规划与管理的定位

具体而言，环境规划工作需要根据区域发展战略和环境保护要求，提出环境保护与治理的长期发展目标，如碳达峰与碳中和目标、改善区域环境质量目标等。在此基础上，制定环境功能区划和土地利用总体规划，确定主导产业与生态保护空间布局。同时，提出产业结构调整、污染防治和资源循环利用等方面的总体规划思路，为环境管理工作提供前瞻性的战略指导。此外，环境规划工作还需要建立环境监测预警与环境应急体系。根据环境管理需求和技术发展趋势，提出区域环境监测站网布局规划、监测项目设置与监测技术路线规划。规划环境事件应急预案体系和重点区域风险防控体系，为事件响应工作提供战略支撑。

环境管理工作属于组织实施与监督管理，其定位于监督政策执行、解

决具体环境问题、改善环境质量与预防环境风险。具体而言，环境管理部门需要组织实施环境规划与政策措施，如土地利用管制、排污许可管理等。结合规划要求开展污染防治和资源综合利用工程建设。对重点监督单位和项目开展定期监督检查，考核规划落实和环境目标完成情况。开展环境监测与评估，对环境中的空气、水、土壤和噪声等要素进行系统监测，识别存在的环境问题与污染风险。提出环境管理制度与技术标准，规范排污单位的行为，改进污染治理水平。此外，环境管理部门需要负责突发环境事件的应急处置和协调。制定应急预案，建立应急响应机制，指挥和组织事件现场处置工作。同时，积极开展环境宣传教育活动，引导社会公众形成绿色生产生活方式，增强环境保护意识，推动社会各界参与环境共治。

环境规划与管理工作虽然密切相关，但在工作重点与产出上也存在差异：一是规划工作侧重于决策依据与指导思想的提供，而管理工作侧重于现实工作的组织和问题的解决；二是规划工作通常由政府相关部门与研究机构完成，而管理工作需要社会力量广泛参与；三是规划工作产出主要为前瞻性报告与规划方案，而管理工作产出更倾向于政策措施、技术标准与管理目标等；四是规划工作时间跨度更长，而管理工作时间跨度较短。

2. 环境规划与管理的目标

环境规划的目标在于提出长期发展思路与蓝图。需要根据区域发展战略和环境保护要求，制定环境发展目标，如碳中和目标、生态文明建设目标及区域环境质量提升目标等。在此基础上，规划产业空间布局与生态空间结构，指导产业转型升级和生态保护。同时，提出污染防治、资源节约与循环利用总体方案，为未来一段时间内的环境管理工作提供指导性思路。此外，还需要提出环境应急监测与事件响应体系框架规划，预防环境风险，为突发事件提供战略应对措施。

环境管理工作的目标在于推进各项工作的落实和实现环境改善。需要组织实施环境规划与相关政策，开展土地利用管制、排污许可管理以及重点污染防治等工作。通过日常监督检查，确保规划要求和环境目标的完成。需要开展环境监测与评估，发现存在的问题，提出改进措施，不断优化管理手段与技术。需要制定相关管理制度标准，规范企业和公众行为，提高环境管理水平。同时，积极开展环境事件应急处置和协调工作，最大限度地减少污染事件或事故发生。此外，还需要组织公众宣教活动，增强环境保护意识，促进绿色生产生活方式的形成。

从上可见，环境规划与环境管理工作的共同目标是推进生态文明建设与实现可持续发展。二者虽然目标一致，但也存在一定差异。一是时间跨度差异。规划工作的目标更侧重于长期发展与指导，如制定长期环境质量改善目标和生态文明建设蓝图等；管理工作的目标更侧重于当前阶段的任务完成与问题解决，如监管政策措施落实和环境质量持续改善等。二是工作重点差异。规划工作的重点在于研究与决策，目标更加宏观，如产业转型升级思路、污染防治总体方案等；管理工作的重点在于组织实施，目标更加具体，如土地利用管制、企业排污许可与重点污染防治项目等。三是产出形式差异。规划工作的目标产出更倾向于报告、规划方案与框架等；管理工作的目标产出更倾向于管理制度、技术标准、考核指标与事件处置进展等。四是工作主体差异。规划工作的目标完成更加依靠政府相关部门和研究机构；管理工作的目标完成更加需要社会各方面力量共同参与，如企业、公众与民间组织等。

3. 环境规划与管理的行动路径

环境规划工作的行动路径主要体现在制定长期发展战略与规划方案上。需分析区域发展现状与环境状况，提出环境保护发展目标，如生态文明建设目标和碳减排目标等。在此基础上，研究产业空间布局与生态空间结构，确定主导产业与优先保护生态空间的分布，指导土地利用总体规划。同时，需要就产业转型升级、污染防治及资源节约提供总体方案，分析存在的问题并提出整改思路，为环境管理部门提供指导框架。此外，还需要研究区域环境风险、建立环境应急体系规划，通过监测预警系统和事件响应机制的建设，最大限度地减少环境事故与污染事件的发生。

环境管理工作的行动路径主要体现在政策措施的制定与组织实施上。需要依据环境规划和相关政策要求，开展土地利用管制、排污许可管理和重点污染防治项目实施等工作。通过定期监督检查，督促和考核规划目标与环境政策的落实情况，不断推动各项工作的开展。需要建立环境监测体系，开展定期监测与评估，发现环境问题并提出改进措施，为管理决策提供依据。需要制定环境技术标准与管理制度，加强管控企业和公众的环境行为，不断提高环境管理水平。需要建立应急响应机制，制定各类环境事件应急预案，开展演练，以加强环境风险管控能力。需要加大环境教育和宣传力度，增强公众环保意识，引导形成生态文明的生产生活方式。

环境规划与环境管理工作在行动路径上存在一定差异。一是工作性质差异。规划工作的行动路径属于战略研究与决策，更重视思路的指导与框架的搭建；管理工作的行动路径属于组织实施与监督管理，更侧重于各项工作的落实与问题的解决。二是工作时间差异。规划工作的行动路径在较长的时间跨度内开展，以发展战略和长期目标为导向；管理工作的行动路径在较短时间内推进，以当前任务完成和问题解决为目标。三是工作重点差异。规划工作的行动路径更加侧重于整体思考与协调，注重产业发展、生态保护与污染防治的总体框架；管理工作的行动路径更加侧重于具体工作组织与现实问题的解决，注重政策措施执行、监测评估与日常监督等。

环境规划与管理的数字技术发展趋势

随着数字技术的发展，环境规划与管理工作正向数字化、智能化与信息化转变。人工智能、大数据、云计算、区块链、无人机与卫星遥感等技术正广泛应用于环境监测、数据分析、决策支持与管理优化等环节。未来，这些技术的深度参与将为环境治理提供更加准确的信息与更加科学的决策依据，实现智慧环保与数字生态管理。

1. 大数据与云计算技术发展趋势

大数据与云计算技术为环境管理数字化转型奠定了基础。环境大数据与云平台可以实现数据驱动管理，实现智慧监测与智能决策，实现系统协同与跨部门协作。这些技术手段为提高环境规划与管理的科学化、精细化与协同化水平提供了重要工具和途径，有利于发挥环境管理体系的系统效能，实现环境保护与发展的有机结合。

环境监测网络可以获取海量环境数据，这些数据记录着环境系统的时空变化情况。通过大数据分析，可以深入挖掘环境数据中的规律与知识，识别环境质量的异常变化与潜在问题，预测未来发展趋势，为环境管理决策提供信息支撑。环境数据与分析模型可以基于云计算平台共享，方便相关部门和专家进行协同管理与决策，提高环境问题解决的系统性与协调性。

基于云计算的人工智能环境管理平台可以实现环境数据与知识的有效整合，开展定量化的决策分析与方案评估。结合规则引擎与预警机制，可以实现环境数据异常自动识别与预警信息发布。相比传统环境管理，这种数据驱动的管理模式具有监测精度高、识别准确、应对速度快等优势，可以有效增强规划方案的科学性与管理措施的针对性。

环境大数据与云管理平台可以实现跨地区、跨层级与跨部门的统筹协同。通过数据和信息共享，不同环境管理部门可以协同监测环境质量、制定污染防治方案，提高资源配置与治理效率。通过统一的数据接口和评估模型，可以更好地衔接环境规划与管理，实现规划方案的制定与工作任务分解的贯穿，加强规划对管理的引领作用。

2. 人工智能技术发展趋势

人工智能技术可以实现环境管理的智能化转型，为决策与管理工作提供精细化分析与定制化支持，但也需要管理部门的有效参与，发挥人机协同的效能。人工智能与环境大数据的深度融合，可以实现数字环境管理与智慧环保，为提高环境规划与管理的科学化与系统化水平提供有力支撑。

通过机器学习与深度学习等算法，环境管理系统可以自动学习并发现环境数据中的复杂模式与深层次规律。这有助于环境问题的准确识别与趋势判断，为决策制定提供精细化分析支持。结合专家构建的知识图谱，可以为不同环境管理问题提供定制化建议，使决策更具专业性和针对性。

基于人工智能技术建立的决策支持系统，可以自动整合环境监测数据、管理知识与决策模型。利用这些信息资源开展定量分析与方案评估，生成不同环境管理方案、措施或预警信息等建议，供环境管理部门参考选择。相比人工分析，这些系统可以实现更加全面、深入的决策评估，提高决策的科学合理性。

此外，人工智能也可以与环境模拟技术深度结合，构建虚拟环境系统。在虚拟环境下开展不同规划方案与管理措施的模拟实施，评估其效果与影响。这可以为规划方案的优选与管理措施的制定提供低成本的演练手段，在一定程度上弥补环境管理中由于系统复杂性而难以开展实际试验的缺失。

环境管理人工智能系统需要具备开放与透明的特点，方便管理部门理解与监督其运行。这可以增强环境管理人工智能的可解释性，方便管理部门基于系统提供的定量分析结果进行决策，也可以根据自身判断对分析过程或结果加以修正，发挥人机协同的综合效能。

3. 区块链技术发展趋势

区块链技术为环境规划与管理工作提供了新模式与新手段，可以实现环境数据、市场机制、供应链与资源管理的数字化转型，建立高效、透明与可信赖的环境治理体系。区块链的环境应用为提高环境管理的科学精细化与系统协同性提供了新的途径，有利于环保与发展的深度融合。

区块链技术可以用于环境监测数据的管理，实现数据的分布式存储与时间戳记载，确保环境数据的真实性与完整性，为环境管理决策提供可靠的信息支持。相比中心化数据管理，这种分布式数据记录模式更加抗干扰，有利于长期维护环境数据的安全性与可用度。

区块链技术可以推动环境管理的市场化运作。利用区块链管理排污权与碳排放交易，可以引入经济激励机制，引导排污企业变革生产方式与更新设备。这种市场化手段可以有效地改善环境质量、提高资源利用率。同时，区块链技术可以实现过程透明与可追溯，避免环境市场中出现欺诈行为，保障交易机制的公平与可持续。

区块链技术可以促进环境管理的供应链一体化。通过记录产品环境足迹，使消费者理解产品全生命周期的环境影响，引导环保消费模式的形成。同时，上下游企业也会共同开展污染防治与资源高效利用，形成环境友好的供应链闭环。这可以从源头上减少环境影响，实现环境管理的深度融入。

区块链技术可以实现环境资金与应急资源等的高效管理。通过记账与追踪环境资金流向，可以规范资金使用与投入产出，提高管理透明度与责任，也可以增强社会公众对环境管理工作的信任。在应急管理方面，区块链技术可以实现救援资源的高效协同与联动，提高环境事件的处置速度与管理水平。

4. 虚拟现实技术与增强现实技术发展趋势

虚拟现实技术与增强现实技术为环境规划与管理工作提供了新的工作模式与手段。它们可以实现环境管理的数字化与可视化，为制定科学决策与开展高效工作提供技术支撑，但也需要与环境监测与管理部门有效结合，共同提高环境规划与管理的现代化和智能化水平。

虚拟现实技术可以建立数字环境模型，模拟环境系统的运行与规划方案的实施过程。这可以为环境规划与管理决策提供可视化支持，通过观察环境模型产生的效果，评估不同方案或措施的科学性与可行性。相比直接在实际环境中实验，这种虚拟环境实验方式具有成本低、风险小的优势。对于一些难以通过实验研究的环境问题，虚拟现实也提供了重要的技术支持。

增强现实技术可以将环境信息增强到实际环境当中，方便环境管理人员提取相关信息并在现场开展工作。这可以通过手机或可视设备将环境数据、专家提示与标准规范等信息投射到实际环境中，引导工作人员实施监测、治理与应急处置等工作。这种信息增强手段可以在现场提供定制化指导，提高工作效率与质量，尤其适用于环境应急管理与现场检测工作。

虚拟现实与增强现实技术的结合可以产生更强大的协同效应。在虚拟环境平台构建数字管理模式与应急方案，利用增强现实技术将之应用于实际环境，实现方案在虚拟环境与实际环境间的无缝切换。这可以在各种环境中进行演练与修订，不断优化环境管理模式与应急预案，提高其适用性与针对性。这种新模式的环境管理也可以实现数字环境的实时监测与数字化的精细管理。

虚拟现实与增强现实技术需要与环境监测手段深度融合，实现环境状况的实时追踪与状态更新。只有建立在准确环境信息之上，这些技术才能发挥出其辅助环境管理与决策的价值。同时，这些技术也需要管理部门的有效参与，将其作为补充环境治理的新手段，发挥人机协作的综合效能。

5. 无人机与卫星遥感技术发展趋势

无人机与卫星遥感技术为环境规划与管理提供重要信息来源。它们可以实现跨区域范围、高频次的环境监测，为分析环境变化与识别潜在问题提供数据基础，但也需要与地面监测和管理部门进行有机结合，发挥数据、技术与人力的综合效能，实现数字环境监测与治理的深度融合。

无人机与卫星可以进行空中环境监测与遥感影像获取，获得高精度的地表信息与大范围的环境数据。这可以发现环境的时空动态变化，为环境评估与决策提供更加全面客观的信息基础。无人机具有操作灵活、性能强的优势，可以根据需求开展定制化监测。卫星遥感覆盖广、周期长的特点，适合开展大范围环境变化的监测与长期评估。

无人机与卫星获取的环境数据与影像可以实现环境质量参数与生态要素的高空精细监测。这可以探知环境污染物排放与生态系统演变的细节变化，为环境管理提供精细化分析依据。特别是在辅助评估生态修复效果、界定生态保护红线等工作中，遥感数据提供了重要的信息。

无人机与卫星遥感通过俯瞰视角可以发现环境问题的区域关联性。这些技术获取的环境数据与影像通常可以在空间上识别不同环境要素之间的相互作用与相互影响规律。这为解决具有区域属性的环境管理问题提供了信息支撑，有利于系统思维的环境规划与协同相关区域间联动机制的建立。

无人机与卫星遥感技术需要与地面环境监测手段结合，实现空地一体化监测体系建设。地面监测可以获取高精度和长时间序列的环境数据，有利于遥感数据精度控制与验证。地面环境监测与管理部门也需要主动参与无人机与卫星遥感的环境数据应用，发挥对数据的专业解读作用，提高应用效果。

环境规划与管理的人才需求及培养对策

环境规划与管理数字化转型需要应用类和研究类人才。应用类人才需要熟练掌握新技术与新管理理念，研究类人才需要具有宽广的视野和强烈的创新精神。人才需求为人才成长带来新的要求，需要转变人才培养模式，加强实践机会，实施人才交流，完善继续教育，帮助不同人才适应数字化转型，实现理论与实践的有机结合。人才需求也带来了人才供给的难度，需要加大人才引进力度，调整人才政策，优化人才环境，为数字化转型提供充足的高素质人才。

1. 环境规划与管理的人才需求

环境规划与管理数字化转型需要的应用类人才和研究类人才包括环境数据科学家、环境技术专家、环境管理与决策人才、行业研究人才四类。

环境数据科学家需要具备环境科学和信息技术的双重知识，能够推进大数据分析与人工智能技术在环境领域的应用。要熟悉环境系统原理与环境数据特点，同时精通数据挖掘、机器学习等技术；熟悉海量环境监测数据的管理与应用；具有专业的环境知识与监测技能，理解不同环境要素之间的相互作用机制。但由于环境数据科学是一个新兴的交叉学科领域，目前相关人才培养机制还不完备。这需要高校与科研院所加强环境数据科学专业的建设，提供系统的技术培训与实践锻炼机会；也需要加大高端人才的引进力度，聘请业内顶尖的数据科学家、环境信息技术专家担任教职，带动本土人才的成长。

环境技术专家需要能够将区块链、虚拟现实、增强现实与遥感技术等应用于环境监测和治理。要精通信息技术与环境管理知识，理解这些新技术的工作原理，具有开发与应用新技术的能力；要根据环境规划与管理的具体需求和问题，开发相应的技术系统和平台；要熟悉环境监测与管理工作流程，理解业务需求并将新技术有机地应用于实践。环境技术专业人才还较为稀缺，这需要高校与科研院所加快步伐发展相关学科专业，加强信息技术人才的环境应用能力建设；也需要相关部门与企业加大高新技术人才的引进力度，聘请业内技术专家担任关键岗位，带动本地技术人才的成长。

环境管理与决策人才要精通环境规划与管理业务，具有采用新技术手段和分析大数据的决策与管理能力，要求既精通环境管理知识，又能熟练运用新技术手段；能根据环境管理问题综合运用新技术手段开展工作；要根据环境变化与新技术发展，不断提高和创新管理理念。然而，目前环境管理机构中对新技术与新模式的理解还不够，复合型管理人才较为短缺。这既需要加强环境管理人才的继续教育，特别是新技术应用的培训力度，也需要加快管理人才的职业流动，鼓励其在企业、高校与科研机构之间转岗，拓宽视野与吸收新知。高校与培训机构也需要加强管理类新技术应用专业的建设，提供培养平台与机会。

行业研究人才要能够结合行业发展与新技术手段开展前瞻性研究，探索环境治理新模式与规划新理念。要站在国内外环境治理发展的高度，预测未来的技术变化与产业趋势，探索环境管理模式的革新方向；要结合新技术手段与环境管理需求，提出前沿的研究课题与解决方案；要具有解决复杂环境问题的能力，提出系统性和前景性的研究成果与战略建议。但是，目前真正掌握系统环境知识与新技术，并能开展高水平前瞻性研究的人才还比较稀缺。这需要加大高校、科研院所与企业对高素质研究人才的培养力度。比如，引进国际顶尖研究人才，提供研究生与博士生海外深造的机会，实施高水平的学术交流等，为研究人才的成长与交叉融合创造条件。

2. 环境规划与管理的人才培养对策

环境规划与管理数字化转型需要培养行业所需的数据科学家、技术专家、管理与决策人才、行业研究人才，这些人才的培养需加强新技术与新理念的教育，提供技能培训与实践平台，实施高水平的学术交流，搭建产学研用一体化的培养环境，通过"引进来"与"走出去"相结合，使不同类型人才的理论与技能得到全面提高，为数字环境治理提供强大的人才支撑。

环境数据科学家是环境规划与管理数字化转型的关键人才。需要采取以下培养对策：一是高校加快环境数据科学专业的设置，构建完整的课程体系，培养精通环境数据采集、建模与分析技能的人才；二是开展大数据分析、人工智能与云计算等新技术在环境领域的应用研修班与项目实践；三是鼓励数据科学家深入环境监测与管理第一线，参与数据采集、数据库建设与模型应用等工作；四是聘请业内优秀的数据科学家和环境信息专家担任教职，开展系列讲座与专题研讨。

环境技术专家的培养需要全面提高新技术理论与应用能力。培养对策如下：一是高校加强相关技术专业与课程的设立，提供完备的技术理论教育；二是研读新技术在资源管理、环境监测与污染防治等方面的应用实例，理解其工作原理与效果；三是技术专家深入一线，了解环境管理的技术需求与难点；四是汇集政府管理部门、高校与企业的技术专家，分享新技术在环境治理项目中的应用案例与效果。

环境管理与决策人才需要适应数据环境与新技术。需要采取以下培养对策：一是开展新技术在环境管理领域应用的专题学习，理解数据分析、区块链、虚拟现实等技术给环境治理带来的新机遇与新要求；二是就新技术变革带来的机遇与挑战广泛征集管理人才的意见与建议；三是选取新技术在环境治理中应用的案例或项目，采取案例教学或工作坊的形式，带领管理人才体验新技术的应用效果；四是管理人才就在新技术应用中发现的管理难题与需求，和技术人才密切配合，共同探索新技术环境治理的管理机制与模式。

行业研究人才需要宽广的视野和强烈的创新精神。需要采取以下培养对策：一是广泛调研国外在环境治理领域应用新技术与新理念的最新进展，理解全球环境管理发展趋势；二是就环境治理面临的重大问题与环境管理改革进行深入研讨；三是鼓励研究人才采取多学科与交叉学科的研究方法，拓宽研究视角；四是聘请知名专家学者担任教职或访问学者，为研究人才答疑解惑，指点迷津。

第二部分
城市环境规划与管理

第三章　城市总体环境规划与管理

城市总体环境规划与管理需要站在城市全生命周期和区域协同的高度进行考虑，通过城市定位加强城市环境管理的指导性和针对性，实现城市环境资源的合理开发与有效保护。同时，也需要将总体规划落实到实际工作中，主要包括编制城市空间结构规划和城市中轴线规划。实践中也要遵循城市环境规划与管理原则。

城市定位与城市类型定位

在城市的发展建设过程中，首先需要根据城市自身条件和区域差异性明确城市定位，其次根据城市定位和城市服务功能、发展水平等确定城市类型定位。城市定位侧重于城市在区域空间体系中的地位和角色，城市定位则更加强调城市内部的活动内容与公共服务方向。城市定位为城市发展定下宏观方向，城市定位推动城市专业化、差异化发展，两者相协调、相互补充，为城市空间布局、产业结构、重点立项等规划决策提供基本遵循和政策导向。

1. 城市定位：考虑影响因素，明确城市优势

城市定位需要考虑多方面影响因素，包括但不限于城市自然环境、城市经济基础、城市发展历史、城市人口属性、城市与区域的关系及城市面

临的主要环境问题。

城市所处的自然环境为城市定位和产业发展提供了重要基础。城市所处的地理位置、地形地貌以及气候条件等自然环境因素，会对城市的产业发展和定位产生重大影响。举例来说，临海城市可以发展港口物流产业和旅游产业，利用海洋资源；地处山区的城市可以发展旅游产业，利用丰富的自然风光资源；条件适宜的城市则可以选择发展农业产业。城市的自然资源也会决定其经济活动类型和贸易方向，资源丰富的城市更有利于发展资源密集型和资源加工型产业。同时，自然条件也会影响城市居民的生活方式和消费习惯。

城市经济基础是城市定位的另一个关键因素。城市的产业结构、企业类型和经济实力等，决定了城市可选择的定位方向和空间。拥有较强产业基础和关键产业的城市，可以考虑强化该产业，发展产业集群，形成产业定位。例如，针织产业基础雄厚的城市可以定位为"中国针织之都"。城市的经济规模和城市居民的消费能力，也是定位的重要参考。消费能力较强的城市更适合发展现代服务业和以消费为导向的第三产业，可以选择定位为"商业中心""休闲之都"等。城市的科技和人才资源禀赋，决定了城市可以选择高新技术产业和创新型产业的定位。拥有较强大学和研发资源的城市，可以定位为"创新之城""科技城"等。此外，城市现有的产业配套服务如交通基础设施、金融机构等也是定位的考虑因素。完备的产业服务体系更有利于城市发展特色经济和形成产业集群。

城市发展历史属性赋予城市独特的"城市记忆"和"城市基因"，城市定位不能脱离城市自身的发展历程而随意建构。首先，城市的历史文化积淀决定了城市独特的文化内涵和品位，这些文化资源可作为城市定位的内容和素材。具有深厚历史文化底蕴的城市，可以选择"历史文化名城""文化重镇"等定位。其次，城市发展过程中形成的城市风貌和城市意象，也为城市定位提供了线索。城市光影、城市色调、城市记忆等元素可根据城市发展历程刻画而成，具有重要的识别性。同时，城市发展史也决定了城市居民的思维习惯、价值观念和生活方式。这些要素会对城市的特色产业和品牌形象产生重大影响，需要在定位中加以考虑。另外，城市发展历程中积累形成的产业传统和技术积淀，也为城市的未来产业发展和定位提供了重要遗产。培育传统产业，发扬优秀传统技艺，是许多城市实现产业升级、提高城市竞争力的重要途径。

城市人口属性也是影响城市定位的重要因素。城市人口的数量、年龄结构、教育程度等属性，决定了城市消费市场的规模和特征，影响城市可以选择的产业定位。年轻化的人口结构更适合发展创新创业产业、体育休闲产业等。教育程度较高的人口可以支撑高新技术产业和知识密集型产业的发展。城市居民的职业构成和收入水平，也左右着城市的消费潜力和生活方式，进而影响城市定位。白领和高收入群体居多的城市，消费更侧重品质和体验，可以选择高端服务业定位。此外，城市人口的流动性特征也需要考虑。人口流入流出较大的城市，社会关系比较疏离，但更容易接受新事物，适合发展新兴产业。人口较为稳定的城市，社会网络更为密集，传统文化更为浓郁，适合以本地文化和生活方式进行城市定位。此外，城市居民的地域归属感和认同感也影响城市的发展定位。居民对城市的认同度越高，越支持城市政府实施的各种建设举措，越有利于形成城市特色。这也需要城市定位回应居民的需求和期待，塑造居民共同认同的城市理念。

城市与区域的关系是城市定位的重要环境背景。城市的定位必须在区域范围内进行整体考虑，力求与区域发展战略和周边城市定位实现有机衔接，形成区域城市群的合力发展。首先，城市的区域位置决定了城市在区域发展中的作用和功能。中心城市更适合发展商贸金融和高级服务业，发挥城市的区域性中心作用。资源城市可以依托区域内资源优势发展资源加工产业。交通枢纽城市具有发展物流产业和运营中心的条件等。其次，区域内城市的体量、人口和经济实力差异，也会影响各城市的定位选择。大城市需要避免与中小城市产业定位重叠，可以定位于高端产业和地区性中心城市。中小城市则可依附于大城市，发展衍生型和配套产业。再次，区域空间结构的聚集与分散，也会对城市定位产生影响。产业空间分散的城市可以发挥承上启下的纽带作用，选择物流与商贸等产业定位。产业空间较为集中的城市，可以依托区域产业集群进行匹配定位。最后，区域内相关城市在基础设施、公共服务等方面的协同与竞争，也需要在城市定位中综合判断。相关城市在发展规划和定位选择上需要加强沟通协调，形成合力，防止恶性竞争。

环境保护与生态建设是当前城市发展的重要课题与关注方向。首先，环境问题的严重程度左右着城市的宜居度和发展潜力，需要在城市定位中加以综合判断。环境质量较差的城市，必须重点整治环境污染，提高城市环境质量，才有利于吸引产业投资和人才聚集。常见的城市环境问题主要有空气污染、水污染、土壤污染、固体废弃物污染、噪声污染等。这些环境问题严重影响着城市居民的生活质量，也制约着城市产业的转型升级。其次，城市的交通拥堵、向郊现象（城市人口中心向市郊迁移的现象）加剧以及资源短缺等问题，也影响着城市的发展和居住环境。这需要城市在发展定位中考虑采取控制城市边界、开发公共交通、提高资源利用效率等措施，实现城市的可持续发展。

2.城市类型定位：确定城市类型，遵循定位原则及方法

在考虑了诸多因素的前提下，可以确定城市的类型，不过要先了解一下都有哪些城市类型。城市类型的划分有许多不同的标准，并据此划分出不同的城市类型。

按人口规模划分城市类型是常用的标准之一。常见的类型有：超大城市如北京、上海、广州、深圳等，这类城市的产业结构和功能最为复杂，发挥着国际化大都市的作用；大城市如天津、重庆、西安、武汉等，这类城市发展较快，具有较强的产业辐射带动能力，可发展成为区域中心城市；中等城市如青岛、大连、南京、济南等，这类城市的产业体系和城市功能较为完备，是区域经济的重要支撑点；小城市如常州、泰州、兰州、贵阳等，这类城市经济实力相对较弱，但生活成本较低，也具有一定的发展潜力。

根据城市功能和作用进行划分，常见的类型有：中心城市如省会城市等，这类城市具有较强的政治、经济、文化和交通中心作用，对周边城市和区域具有较大影响和辐射带动作用；工业城市如钢铁城市、汽车城市等，这类城市产业以第二、三产业为主，特别依赖工业产业；旅游城市如桂林、丽江等，这类城市旅游资源丰富，旅游产业发达，对外开放程度高；科教城市如西安、合肥等，这类城市高校和科研机构较集中，科技创新能力强；交通枢纽城市如重庆、成都等，这类城市交通条件优越，物流业和运输业发达，对外联络作用明显；边境城市如丹东、瑞金等，这类城市地理位置临近国（省）境，对外开放程度高，口岸经济发达；资源城市如鄂尔多斯、湛江等，这类城市自然资源丰富，资源密集型产业发达，对资源开发具有重要作用。

按城市作用范围和影响力划分，常见的类型有：国际化大都市如纽约、新加坡等，这类城市产业发达，人口规模大，在全球范围内具有重要影响力和辐射带动作用；国家中心城市如北京、上海等，这类城市在国家范围内发挥政治、经济和文化中心作用，对周边区域和全国其他城市有较大影响力；区域中心城市如广州、武汉、西安、大连等，这类城市在某一区域或省域范围内发挥中心作用，政治、经济和社会发展较快；次区域中心城市如泰州、常州、盐城等，这类城市在此区域或地市级范围内发挥中心作用，对周边县域城市有一定影响；基本城市如淮安、徐州等，这类城市政治、经济和社会发展一般，主要面向本省城市和周边部分县城发挥服务作用。

按城市空间分布特征划分，主要有：环形结构城市如北京、上海等，这类城市以中心市区为核心，发展较均衡，各区域之间联系密切，发展较协调；线状结构城市如广州、重庆等，这类城市沿水系、交通线等线状空间散开，各区域联系相对疏离，发展不太均衡；星状结构城市如武汉、成都等，这类城市由几个分散的发展极核生成，各极核之间联系欠佳，发展不协调；带状结构城市如济南、大连等，这类城市空间结构呈现出一定宽度的带状分布，各区域联系较为紧密，但整体上发展稍显不均衡；离心式结构城市如柳州、鞍山等，这类城市随着城市外延扩张，中心城区人口和产业外迁严重，城市发展向周边地区分散，中心城区活力下降。

根据城市的地理位置特征，可以划分为以下几种类型：临海城市如上海、天津、青岛、广州等，这类城市地理位置临海，海洋资源丰富，港口经济发达，发展海洋产业和贸易物流业；内陆城市如重庆、成都、西安、郑州等，这类城市地处内陆，交通条件相对较差，资源基础较弱，发展轻工业和第三产业；边境城市如瑞丽、图们等，这类城市毗邻国（省）边境，人口流动频繁，对外开放度高，口岸经济发达；山城如丽江、张家界、贵阳等，这类城市地势复杂，山地较多，交通条件较差，旅游资源丰富，发展旅游业和林业；平原城市如合肥、济南、南京、南昌等，这类城市地势平坦，土地资源丰富，农业发达，发展食品加工业和轻工业；水网城市如杭州、苏州、常州、无锡等，这类城市周边水系发达，具有重要的水运和水资源优势，发展水产业和水运物流业。

城市定位需要遵循定位原则，采取定位方法。

城市定位应遵从独特性、美誉性和连续性原则。独特性突出城市个性化特征；美誉性延续城市现有品牌价值；连续性要在原有基础上使城市产生新动能与升级。

独特性是城市核心竞争力的源头，也是城市品牌价值的根基。每个城市都有其独特的自然地理条件、人文积淀、产业基础、历史文化等，这些都是城市核心竞争力的来源，也决定了城市发展的基本属性与方向。独特性可以从历史文脉、名胜古迹、革命传统、自然资源、地理区位、交通状况、产业结构以及自然景观、生态环境、建筑风格等诸多方面去发掘培育，讲究创意和标新立异。通过城市定位的选择，强调城市发展的独特性，使城市在激烈的区域竞争中脱颖而出，成为区域乃至全国范围内独树一帜的城市个性代表。

美誉度是城市软实力的重要体现，也是城市核心竞争力的组成部分。遵循美誉性原则有助于进一步彰显城市品牌，提高城市美誉度与影响力，这也是实现城市可持续发展的重要保障。城市在长期发展过程中，会形成一定的品牌联想和美誉认知。城市原有的品牌形象及人们对城市的总体认知，会对城市的发展产生重要影响。因此，新的定位要选择能够与城市原有品牌形象与美誉度产生协同效应的方向，通过新的定位进一步强化城市品牌，扩大城市影响力，产生品牌价值的叠加效应。

连续性原则要求城市定位选择体现发展渐进性，在现有产业发展的延续上开拓新机遇。新定位不应对原有发展方向产生重大冲击，而应在保持总体连续性的同时，注入新的发展内容，提升城市发展水平。通过定位的转变为城市带来新的机遇与活力，实现产业转型升级，这需要在发展路径的延续上进行。

城市定位方法包括定性、定向、定形和定量四种，且各有其优势与局限性，需要综合运用、综合判断城市发展方向。定性方法是在实证分析基础上进行定性判断，需要避免主观定性影响；定向方法体现发展需求但需考虑城市水平；定形方法理性但需基于实证；定量方法客观理性但需包含定性因素。综合四种方法可提高城市定位的准确性与科学性。

城市的性质是与城市发展历程和居民情怀密切相关的，它体现了城市的个性与灵魂。要确定一个城市的性质，需要考察城市自身最独特和最核心的特征。这与城市的历史沿革、地理位置、经济基础以及居民结构等都密切相关。例如，一个历史文化名城的性质可能是"文化底蕴深厚"，如北京的性质是"文化中心""历史名城"；一个海港或边境城市的性质可能是"开放包容"，如上海的性质是"国际大都市""东方明珠"；一个高科技产业中心城市的性质可能是"创新活力"，如深圳的性质是"改革开放先行示范区""中国硅谷"等。

城市定向的目的是明确城市发展方向，有针对性地安排城市的产业布局、空间结构和政策支持，实现城市的可持续发展。首先，需要结合城市的性质与条件，找到其最适宜和可持续的发展路径。例如，一个海港或边境城市，定向可能是"开放合作，商贸物流中心"，如上海可定向为"全球经济中心"；一个高科技产业城市，定向可能是"科技创新，高新技术产业聚集"，如深圳可定向为"中国创新高地"。其次，城市的定向还需考虑城市的发展愿景与战略规划。城市可根据自身条件结合时代潮流，制定适合城市长远发展的愿景与规划。例如，成为"宜居宜业宜游"的生态城市，成为数字经济和创新中心等。最后，城市定向还需要平衡城市内部发展与外部竞争的关系。这既要坚持城市自身的性质与特色，发挥城市的独特优势，也需要考虑城市在区域乃至全球范围内的竞争格局，选择一条可持续的发展道路。

定形就是确定城市的形象。城市形象是城市在人们心目中的印象，是对城市个性、特色与情感的寄托，为此需要关注城市的性质、特色、愿景以及打造的城市品牌。例如，城市愿景、城市形象应反映城市创建的愿景与发展方向，如新加坡的"花园城市"形象，这使城市形象具有前瞻性和引领性。再如，很多城市会结合自身特色打造城市品牌，并通过城市宣传使其成为城市形象的一部分，如首尔的"韩流之都"品牌、悉尼的"悉尼歌剧院"品牌。

定量就是从人口规模、城市用地、经济规模、竞争力、发展水平等方面进行科学预测与数量分析。人口规模包括城市常住人口数量、人口密度、人口结构等，反映了城市的人口聚集度和潜在发展活力；城市用地包括城市面积、建成区面积、各类用地面积等，体现了城市的空间范围和土地利用情况；经济规模包括城市生产总值、人均生产总值和三大产业结构等，代表了城市的经济实力和产业发展水平；交通状况包括公路密度、铁路线路长度、机场数等，显示了城市的交通发达程度和外部联系情况；城市竞争力通过相关的城市综合评价报告中的排名和指标得分来衡量，以反映城市的整体发展水平和区域影响力；城市发展水平可以通过构建城市发展水平评价体系进行测度，如基础设施完备度、公共服务发达程度、环境质量状况等。通过这些定量分析，可以科学地预测城市未来发展的趋势，为城市的规划建设与政策制定提供重要的决策依据。

城市空间结构规划的编制内容

城市空间结构称为"城市地域结构"，是指构成城市的具有各种功能及相应物质外貌的功能分区，一般可分为住宅区、工业区、商业区、行政区、文化区、旅游区、绿化区和特殊功能区等。城市空间结构规划的编制主要是针对这些内容进行。编制过程中要考虑经济产业、人文社会、生态环境等方面的影响因素。

1. 住宅区规划的编制

住宅区的科学规划对确保城市居民的生活质量有着重要影响。城市住宅区规划的编制需要明确住宅区布局与结构。住宅区布局应符合城市总体规划中确定的居住空间分布方向，并结合城市地形地貌与交通线路等因素合理确定住宅区的位置与边界。住宅区内部应形成以居住社区或小区为单元的结构，并与公共设施及交通网络有机联系。

城市住宅区规划还需考虑人口密度控制与配套设施。住宅区的人口密度应遵循居住适宜密度标准，同时根据居民的社会属性、收入水平等因素划分不同密度的片区。各类公共设施如学校、医院、商业、公园等应根据人口密度与分布合理布局，并形成完善的设施配套网络，满足居民的基本生活需要。

城市住宅区规划必须提供完备的交通系统。交通系统应与住宅区布局相匹配，并根据密度分区的需要构建快速主干道及辅助系统。地铁、公交等大众出行系统也应贯穿住宅区，与步行系统、慢行系统相结合，形成高效连贯的交通网络，确保居民的便捷出行。

此外，城市住宅区规划还需着眼居住环境质量，应合理控制建筑容积率与密度，保证日照、视野等居住环境要素。规划应确定绿地及开敞空间的系统布局，改善微气候，美化住宅区景观。配套设施规划也须避免产生交通及环境污染。只有营造一个宜人宜居的环境，才能满足居民的居住要求。

2. 工业区规划的编制

工业区规划编制的重点应放在以产业导向制定系统和综合的规划方案方面，并将其转化为具体可执行的措施，同时兼顾环境与条件限制，确保规划的协调与可操作。

工业区规划编制，要以城市产业发展战略和企业发展需求为导向。工业区规划必须立足城市产业转型升级的总体要求，结合企业在选址、用地、基础设施等方面的实际需求进行编制，确保规划的科学性和实施性。要坚持规划先行和全过程管控。工业区规划应在任何建设项目启动前完成，并在后续开发使用过程中进行管控与调整。只有从空间布局、用地配置到环境治理实施等方面全面管控，才能发挥工业区规划的战略引领作用。

工业区规划必须同时考虑产业发展、基础设施、环境要素等诸多方面，实现多目标协同和资源统筹。要落实到具体措施和行动方案。工业区规划必须在目标和原则的基础上转化为实施性很强的具体措施、技术方案和行动计划，如此才能真正指导后续的工程建设与管理实施。要注重协调性和可操作性。工业区规划在满足产业发展需要的同时，还必须兼顾环境容量、基础设施条件等限制因素。规划方案必须具有协调性、稳定性与可操作性，这也是判断规划质量的关键。

3. 商业区规划的编制

商业区规划编制需要从选址布局、商业定位、基础设施建设与营销管理等方面进行统筹考虑。

在商业区选址与布局上，要符合城市商业发展战略和总体规划，选择交通便捷和人流密集的区域，确定商业区的位置与边界。内部布局要划分成特色鲜明的商业聚集区，形成适宜商业运营的空间组织结构。布局要与周边居住区和交通网络衔接，提供便利的购物环境。

在商业定位与结构上，要根据城市商业发展方向、市场需求和消费特征确定商业区的主导商业类型或业态，并划分商业用地，形成不同主题与特色的商业聚集片区，满足不同消费群体的需求。商业结构的合理性直接影响商业区的发展潜力和竞争力。

在基础设施建设上，要根据商业区定位、商业类型和业态特征完善交通、停车、照明、绿化等基础设施。同时，要留出空间作为公共活动场所，丰富消费体验。高标准的基础设施可以提高商业区的吸引力和可达性。

在营销与管理上，要结合商业区定位与业态特征，调整商业区的整体形象塑造和管控手段。通过品牌建设、文化营销、活动策划等方式形成商业区的核心竞争力。加强对租户结构、经营状态的管控，确保商业区的环境质量与功能完整性。

4. 行政区规划的编制

行政区规划编制必须从选址到环境景观进行全面的统筹考虑。

在选址与布局上，要符合城市空间发展战略，选择交通便捷和环境优质的区域，确定行政区的位置与边界。内部布局要形成以政府办公区和公共服务设施为中心的空间结构，并与周边功能区衔接，提供便捷的公共服务。

在功能定位上，要根据城市发展需要和市民服务要求确定行政区的主导功能，如立足于市民生活服务的社区行政中心，还是以政府管理为主的行政办公区。功能的定位直接影响行政区的性质和基础设施建设，要根据功能定位和行政职能完善行政的用地与交通、绿化、给排水等基础系统。同时，要为公共服务设施留出足够空间，满足接待和办公需要。高标准的基础设施有助于提高行政服务质量和行政区环境质量。

在设施布局上，要根据行政区的功能主导和服务对象对政府办公楼、档案馆、会议中心、社区服务中心等公共设施进行布局。设施布局要集中但不能过度集中，如此既利于公众进入又便于行政管理，这需要结合设施性质和人流特征合理设计。

在环境与景观上，要注重行政区整体环境与景观的打造。通过建筑设计、景观绿化等手段营造庄重而又适度的氛围。这有助于体现政务公信与权威，也可以改善行政区微气候，满足工程需求。

5. 文化区规划的编制

文化区规划编制需要从选址布局到环境景观进行全方位的考虑，并紧扣主导文化的发展导向进行。

在选址与布局上，要符合城市文化发展战略和空间发展规划，选择交通便捷和环境优美的区域，确定文化区的位置与边界。内部布局要形成以公共文化设施为中心的空间组织结构，并与周边功能区衔接，提供便捷的文化体验环境。

在文化定位与业态上，要根据城市文化资源禀赋、文化消费需求和发展潜力确定文化区的主导文化类型或业态，如艺术文化区、历史文化保护区或创意文化产业园等，并划分文化用地，形成不同主题和特色的文化聚集区，满足多元文化需求。文化定位的准确性直接影响文化区的发展方向和竞争力。

在基础设施的建设上，要根据文化区定位和主导业态完善交通、停车、照明、绿化等基础系统，同时要预留空间作为公共活动场所，丰富文化体验内容。高标准的基础设施可以提高文化区的交通可达性和环境质量。

在环境与景观上，要注重文化区整体环境与景观的营造。通过建筑设计、景观打造、公共艺术设置等手段营造与主题文化相符的氛围。例如，体现艺术与创意的气质，或者展现历史文化遗存的庄严氛围。良好的环境景观有助于彰显文化区特色，也可以改善区内微气候，满足人员活动需要。

6. 旅游区规划的编制

旅游区规划编制需要从选址布局到环境景观进行全方位的考虑，并紧扣主导旅游产品和市场定位进行。

在选址与布局上，要符合城市旅游发展战略和空间发展规划，选择交通便捷、环境优美并具有旅游资源的区域，确定旅游区的位置与边界。内部布局要依托主导旅游资源与景点，形成以公共服务设施为支撑的空间组织结构，并便捷连接周边交通网络，提供舒适的旅游体验环境。

在定位与产品上，要根据城市旅游资源禀赋、市场定位与品牌特征确定旅游区的主导旅游方向或产品，如休闲度假区、历史文化区或生态旅游区等，并在空间上形成不同主题与特色的旅游聚集区，满足多元旅游需求。旅游定位的准确性直接影响旅游区的发展潜力和竞争力。

在基础设施建设上，要根据旅游区定位和主导产品完善交通、住宿、餐饮、购物、游览等旅游基础服务设施，同时要预留空间作为公共活动场所，丰富旅游体验内容。高标准的基础设施可以提高旅游区的交通可达性和服务质量。

在环境与景观上，要注重旅游区整体环境与景观的营造。通过建筑设计、景观艺术等手法营造与主导旅游产品相符的氛围，如体现休闲舒适的度假氛围，或者展现生态旷野的氛围。良好的环境景观不但可以彰显旅游区特色，也能够改善旅游体验，满足旅游需求。

7. 绿化区规划的编制

绿化区规划编制需要从选址布局到环境景观进行全方位的考虑，并紧扣生态保护和环境治理的导向进行。

在选址与布局上，要符合城市生态环境建设战略和空间发展规划，选择生态环境敏感以及生态补偿必要的区域，确定绿化区的位置与边界。内部布局要依托周边自然地理环境，形成生态系统连通的空间结构，并与周边功能区衔接，提供良好的生态环境。

在功能定位上，要根据城市生态建设需要和环境治理需求确定绿化区的主导功能，如生态修复区、水环境净化区或城市通风廊道等。功能的准确定位直接影响绿化区的建设内容和生态效益。

在基础设施建设上，要根据功能定位完善绿化区的生态修复和环境治理基础设施，如绿化种植、水环境工程、小气候调控设施等，同时要预留空间营造生态景观，提供生态教育和休闲空间。高标准的基础设施是发挥绿化区生态效益的基础。

在环境与景观上，要注重绿化区整体生态环境与景观的营造。通过生态修复、景观设计等手段营造自然生态氛围，如森林氛围、湿地景致或草原环境等。良好的生态环境景观不但可以彰显绿化区功能，也能够丰富城市生态空间，满足市民需求。

8. 特殊功能区规划的编制

特殊功能区规划编制也需要从全局和综合的角度进行考虑，但其规划要素和设计原则与其他常规类型功能区有一定的差异。

在选址与布局上，特殊功能区要避开其他功能区和敏感目标，选择相对隔离的区域进行布局。内部空间也根据所承担的特殊功能进行隔离区域划分，形成独立的空间单元。布局要对功能区四周实施隔离措施，保障功能区内部环境安全。

在功能定位上，要根据特殊功能的性质和要求进行严格的功能定位，如军事区、监狱用地或垃圾填埋场等。功能定位的严格性将直接影响特殊功能区的使用和管理。

在基础设施建设上，要根据功能定位对用地进行高标准隔离和安全防护，如监控系统、警戒设施、生态隔离屏障等。基础设施建设是特殊功能区正常运行和环境安全的基础保障。

在环境与景观上，要对特殊功能区实施相应强度的环境遮掩与景观修饰。通过选材使用、景观打造等措施打造中性、冷淡且简洁的环境景观，以达到减少特殊功能区对周边环境的影响和方便功能区管理的目的。

城市传统中轴线的规划与设计

城市传统中轴线是城市空间的重要组成部分。城市空间布局可以通过轴线组织成一个有序的整体，主要建筑群的广场和主要道路可以布置在轴线上，使其具有严密的空间关系。轴线本身是城市建筑艺术的集中体现，因为城市中的主要建筑群和公共空间往往集中在城市的轴线上。城市轴线的艺术处理也是城市建筑的精髓，最能反映城市的性质和特征。因此，城市传统中轴线的规划与设计应从轴线功能、道路交通、空间形态、街道风格和规划实施导向五个方面予以把握。

1. 把握轴线功能的规划设计

传统中轴线功能的定位需要在城市和轴线双重尺度上进行考虑，既要符合城市发展战略与需求，发挥轴线在城市空间体系中的作用，也要根据轴线自身条件选择实际可行和发挥轴线优势的功能。这需要在对城市发展与轴线状况有深入了解的基础上进行功能定位的决策和平衡。只有在城市和轴线两个层面上选择最佳功能定位点——既符合城市需求又发挥轴线潜力，传统中轴线功能的设计方案才能真正落地并发挥应有作用。这也是确定传统中轴线功能定位的目的所在。

首先，传统中轴线的功能定位应符合城市发展战略与需求。例如，城市提出发展文化旅游产业，则文化遗产保护和旅游服务功能应为传统中轴线功能定位的优先考虑方向。功能的选择应在满足城市发展需求的前提下进行。

其次，传统中轴线自身的空间条件和资源禀赋也应作为功能定位的重要参考因素。例如，轴线上有较为集中和独特的历史建筑群或自然景观，则文化保护与景观游览功能的选择比较适宜。功能的定位应发挥轴线自身的空间优势和特色。

再次，在城市已有的功能配置和空间供给情况下，传统中轴线的功能也应进行差异化定位。例如，城市中心区已形成商业服务集聚，则传统中轴线应避免过度商业化，可选择更加文化康乐或居住相关的功能。这需要在研究城市现状的基础上进行轴线功能的定位。

最后，传统中轴线自身的条件也制约着其功能的定位选择，如轴线幅宽有限，则大规模公共活动或交通功能的选择将面临一定困难。功能的选择还需考虑轴线建设与管理的实际可行性。

2. 把握道路交通的规划设计

传统中轴线的道路交通规划设计需要从机动车、公共交通与非机动车等多角度入手，形成完善的交通设施系统和组织网络。这不仅需要对相关交通理论与技术有深入理解，还需要在城市交通及轴线状况研究的基础上进行问题分析和设计决策。只有在交通需求预测和状况评估清晰的情况下，采取系统的设计手法进行机动车道、公交系统和人行道的规划设计，并实现不同交通方式之间的衔接，传统中轴线的交通规划设计方案才能真正满足交通需求，实现可持续性。这也是传统中轴线道路交通规划设计的目的所在。

在机动车交通上，需要确定传统中轴线上的车行道设置方案。这需要考虑轴线的功能定位和交通承载能力，以确定车行道数量，同时也要考虑与周边道路的衔接及交通交汇点的设置，形成畅通的车行道系统。此外，车行道的设计还需要考虑停车带和车道边石的设置，确保交通安全。

在公共交通上，要考虑轨道交通、公交车专用道或交通环线的设置方式，如轴线上设置有轨电车或地铁线路，则应预留空间设置轨道和车站。

公交车专用道的设置可以提高公交车运行效率，交通环线也可以方便沿线居民出行。总之，公共交通的规划设计需要综合考虑城市交通体系和公众出行需求。

在非机动车交通上，人行道和自行车道的规划设计是一个重点。人行道应保证通行宽度，设置人行横道和轮椅斜坡，方便各类人群通行。自行车道也需要设置完善，鼓励绿色出行。此外，人行道与自行车道的设计还需要考虑与周边建筑及景观的衔接，营造连续通透的空间环境。

此外，传统中轴线交通的规划设计还需要兼顾不同交通模式之间的衔接转换，实现不同交通方式的配套联动。这需要对交通流线和空间节点进行全面考虑，形成高度连通的交通网络系统。

3. 把握空间形态的规划设计

传统中轴线的空间形态规划设计直接影响轴线景观效果和环境质量。合理的空间形态可以激活轴线上的公共活动，丰富轴线的城市魅力。

在选取空间形态时，要考虑传统中轴线的功能定位和城市整体风格。如商业服务轴线可以选择邮局广场、步行街和商业街区等活跃的空间形态；文化遗产轴线可以选择博物馆广场、主题公园和文化长廊等富有特征的空间形态。选择的空间形态要与轴线功能、城市风格相协调。

在空间形态的设计上，要考虑空间节点的设置、景观打造、家具选择和细部设计等。重要的空间节点如广场、小公园等可以成为轴线上的重要公共活动场所和城市名片。富有地方特色的景观要素可以提高空间形态的识别度。定制化的街道家具也可以丰富空间层次。这需要从整体布局到地景细部进行系统性设计。

在空间形态之间的衔接上也需要加以考虑。不同类型的空间形态要通过景观手法、轴线品牌和道路设计得以有机衔接。这可以减少空间形态之间的隔离感，形成连续而畅达的公共活动轴带，也需要在轴线全线范围内进行空间控制，保证空间形态之间的协调统一。在人群活动引导上，应通过空间形态的组织方式对人流进行引导，实现人群的自由诱导。这需要在广场、小公园的设置上实现连续和衔接，形成可以自然引领人流的空间序列。这有助于激活轴线空间，实现人与空间的互动。

4. 把握街道与建筑风格的规划设计

传统中轴线的街道与建筑风格直接影响轴线的文化内涵与精神表达。风格的选择应体现轴线的历史文脉、地域特征和城市品位。规划设计需要在历史保护与环境更新之间达致平衡。这不仅需要对历史文化与建筑艺术有深入理解，也需要具有在现代设计理念指导下对空间环境进行更新改造的能力。

在街道风格上，要选择与轴线历史及地域文化相协调的景观要素进行设计。例如，传统庭院式建筑较聚集的轴线可以选择类似的廊道、门楼等传统要素，科技城市的轴线则可以选择现代简约的景观要素。街道风格的选择要体现轴线的文化底蕴与地域特征。

在建筑风格上，新建筑的设计应选择与城市整体环境、轴线街道风格相协调的建筑样式。保护区要强调历史风貌的继承，新区则可以选择与城市发展理念、技术条件相符的现代建筑样式，但总体上应力求风格的统一和协调。这需要在研究轴线与城市建筑特征的基础上进行风格定位与控制。

在旧城改造上，要尽量保留历史风貌和地区特征。可通过修复、模拟和改造等手法对古建进行更新，以实现环境品质的提升与历史文脉的延续。这需要对建筑与街区进行深入研究，选择最佳的改造手法。

在新区开发上，建筑与景观的设计应遵循统一的设计理念和风格要求，需要制定从选址布局到建筑高度、体量比例和材质运用等的详细设计指引。在风格上应注重建筑与景观的协调，营造连贯统一的街区环境。这需要具有较强的设计控制和指导能力。

5.把握规划实施导向的规划设计

传统中轴线规划设计实施需要有效的导控体系进行管控，这关系到规划设计方案是否能真正落到实处。规划设计导控体系应构建在法律法规与技术指标等方面。

在法律法规上，需要制定相关的空间控制与建设管理条例。这包括建筑高度、容积率控制、用途属性管制、历史建筑保护等方面的规定，需要在研究轴线现状及规划设计方案的基础上确定法规的制定范围与控制内容。

在技术指标上，需要制定从空间布局到建筑设计的详细控制标准，包括道路交通网络、开敞空间设置、建筑布局与高度、材料运用等方面的内容。这需要由专业技术人员根据规划设计理念与控制要求进行指标的制定。此外，指标的实施还需要在项目设计阶段进行审核把控。

在公众参与上，需要通过综合运用规划设计咨询、公示和设计竞赛等方式实现公众的广泛参与。公众的意见与建议应作为规划设计实施的重要参考，有助于提高规划设计的科学性。这需要在信息公开和沟通表达上做足工作，充分调动公众的参与热情。

城市环境规划与管理应遵循的原则

城市环境规划与管理应本着实现资源高效利用、社会公平正义、生态环境保护的基本目标，遵循整合效率、安全、协调、满足社会需求和综合利用、防治结合、开发养护并重、污染治理、依靠群众等一系列相辅相成的原则进行。这需要政府部门在管理体制与技术手段上做足配套，并通过激发社会各主体的积极性，形成共同推进的合力，才能真正实现城市环境质量的提高与可持续发展。

1. 城市环境规划应遵循和坚持的原则

城市环境规划应遵循和坚持在空间与功能上实现网络统一的整合原则，在投资与效益之间实现平衡的经济原则，在规划实施中防范各种安全隐患的安全原则，在城市各功能区与主要要素之间实现和谐共生的协调原则，在规划编制过程中尽量满足市民的各种需要的社会原则。只有在这些原则的共同指导下，整体系统地对城市环境各要素进行规划，城市环境规划方案才能实现资源配置的最优化、城市功能的有机协调与社会公众需求的充分满足的目标。

整合原则要求在空间布局与基础设施等各个方面实现网络的有机连接和设施的配套配置。这需要在道路与交通、景观与开敞空间、管线等方面采取连通一体的规划理念，形成网络贯通、畅通无阻的城市空间和服务体系。

经济原则要求在资源配置与效益产出之间达到平衡，追求最大限度地实现规划投资的经济效率与社会效益。这需要在对各种规划方案的技术经济比较分析的基础上，选择投资最小、产出最大的最优方案。

安全原则要求在规划方案的比选与实施管理过程中，对可能存在的各种安全隐患和风险进行分析与评估，并采取相应的预防与控制措施，确保规划实施的安全性。

协调原则是城市环境规划的重要原则，它要求规划过程中全面考虑城市发展与环境之间的关系，统筹解决各个子系统规划与部门间的矛盾，形成互利共赢的综合规划方案。

社会原则要求通过对城市居民多元需求的深入了解和分析，使规划方案在空间布局、基础设施建设以及政策制定等方面能够最大限度地满足市民的实际需要，以提高规划的社会适应性。

2.城市环境管理应遵循和坚持的原则

城市环境管理应遵循和坚持综合利用、防治结合、开发与养护并重、污染治理和依靠群众的原则，在优化管理体制和技术手段的基础上，通过激发政府与社会各部门的积极性，形成共同推进的合力，实现环境资源的最大效益和合理配置，在管理源头采取有效措施防范环境问题的产生，对现有环境问题进行系统治理，在环境开发与保护之间达到平衡，针对环境污染实施全过程控制，并依靠公众参与和监督来保障管理工作的开展，达到改善城市环境质量、预防和减少环境风险、保障公众环境权益的目的。

综合利用原则要求在环境资源的开发与利用上实现最大效益，减少重复建设与资源浪费，促进资源的合理配置与共享。遵循和坚持城市环境管理的综合利用原则，需要政府部门在环境基础设施建设与日常管理工作中加强协调配合，整合社会资源，形成共建、共治、共享的工作局面。只有在系统思维下考虑不同环境要素之间的相互关系，采取一体化的管理策略，实现资源配置的优化与工作效能的提高，城市环境管理的综合利用原则才能真正发挥其推动城市环境治理的重要作用。

防治结合原则要求在环境管理工作中坚持预防与治理并重，通过管理源头遏制环境问题的产生，同时对现有环境污染实施系统治理，以达到改善环境质量的目的。遵循和坚持城市环境管理防治结合原则，需要在预防环境问题发生的同时，对现存环境污染与生态破坏实施系统治理，两手抓，两手硬，这需要完善环境管理相关制度与体系，加强污染源监管与过程管控，同时开展各类污染治理与生态修复工作。通过管理源头的遏制与现状的改善，实现环境质量的整体提高，这是城市环境管理防治结合原则发挥作用的关键。

开发与养护并重原则要求在推进城市建设与环境资源利用的同时，加大环境保护与生态修复力度，实现环境容量的动态平衡，促进城市环境的可持续发展。遵循和坚持城市环境管理的开发与养护并重原则，需要管理部门在项目审批与环境监管各方面严格控制污染物排放与环境破坏，并采取系统的手段开展生态修复与环境改善工作。只有在城市建设与环境保护相结合的理念下加强环境管理，促进各方共同参与，不断优化城市环境容量，提高环境质量，城市环境管理的开发与养护并重原则才能真正发挥其指导城市环境可持续发展的重要作用。

污染治理原则要求采取系统的技术手段与管理措施对城市环境污染问题进行治理与控制，改善城市环境质量，保障公众健康。遵循和坚持城市环境管理的污染治理原则，需要制订科学的治理计划，加强监管与技术推广，强化公众支持，促进资源投入，不断加强与深化污染治理工作，以改善城市生态环境质量。只有系统性地对城市环境污染问题进行治理与控制，采取各项技术、监管与宣传措施实现污染减量目标，城市环境管理的污染治理原则才能真正发挥其改善城市环境的重要作用。

依靠群众原则要求在环境管理工作中调动和依靠广大公众的积极性，实现管理主体与对象的互动协作，提高管理效能与环境决策的科学性。遵循和坚持城市环境管理的依靠群众原则，需要加强公众环保教育，利用现代信息技术拓宽环境信息发布与交流渠道，广泛吸收公众对环境管理工作的意见与建议，在具体工作中组织志愿者开展环境管理活动，并鼓励公众进行环境监督与舆论监督。只有调动广大公众参与环境管理的积极性，形成政府、企业与公众的协同作用，城市环境管理的依靠群众原则才能真正发挥其带动社会整体参与城市环境治理的重要作用。

第四章 城市道路与交通的环境规划与管理

城市道路与交通的环境规划与管理是一个系统工程，直接影响到城市功能的发挥与城市的宜居度。优秀的城市道路与交通环境规划应实现道路系统、交通管理与标识标牌的有机结合：按功能定制道路等级与布局，构建科学高效的道路系统；制定交通管理措施与组织体系，保障交通流量与效率；统一道路标识标牌设计，实现环境导向与警示。只有在各方面做到有机结合与统筹，才能实现交通高效便捷与环境高质量的双赢。

不同等级道路在城市中的功能

城市道路体系包含高速公路、主干道路、次干道路和支路等不同等级，各级道路在城市中的功能各有不同：高速公路主要承担城市间和城区快速流动，主干道路主要承担城区主要流动和连接次干道路，次干道路和支路主要承担城区内部次要流动和人口稠密地区的服务。不同等级道路相互连接，共同构成城市道路网络，满足城市各类交通需要。城市道路在支撑着庞大的城市人口的日常流通活动的同时，也可能因为承载数量群体超过预期、线路规划不合理等导致城市拥堵，进而影响城市生活品质。

1. 高速公路在城市中的功能

高速公路在城市中的主要功能是承担城市间和城区快速长距离流动。

具体而言，高速公路连接城市之间的人员和物资快速流动，促进城市经济联系和产业协作。高速公路在城区内还可连接城区的重要交通枢纽，如机场、火车站、长途汽车站等，为这些重要枢纽输送人员和物资。高速公路采用立交桥和匝道的设置，与次干道路和支路实现立体交叉，少受其他道路和交通流的影响，保证高速运行。

高速公路的主要功能是承担较长距离、较高速度的人员和物资流动，特别是在城市之间和城市主要枢纽之间实现快速联系，满足移动性较强的交通需要，对提高城市交通运行效率和城市产业联系发挥着重要作用。高速公路在城市道路体系中处于骨干地位，对城市交通运行具有重大影响，是城市现代化交通体系的重要组成部分。

2. 主干道路在城市中的功能

主干道路在城市中的主要功能是承担城区主要交通流动和连接次干道路。具体而言，主干道路连接城区各区域和次干道路，实现城区居民活动空间的联系和区域之间的人员、物资流通。主干道路可以连接次干道路，为次干道路输送交通流和缓解交通压力。主干道路还连接城市主要公共设施和中心城区，实现重要交通流动。

主干道路采用平面交叉或立交桥与次干道路相连，流量较大，车速较快，是城区快速通道。但与高速公路相比，主干道路车速较慢，里程较短，主要在城区内部运行。主干道路主要联系的是城区各区域和次干道路，而高速公路的联系对象更为广泛，涉及城市间和重要交通枢纽。

3. 次干道路在城市中的功能

次干道路在城市中的主要功能是承担城区内部次要交通流动和人口稠密地区的服务。具体而言，次干道路连接城区各社区、街道和人口较为稠密的居住区，满足这些区域内部的交通流动需求。次干道路还可以连接主干道路，作为主干道路的分散通道，起到引流和疏导作用。次干道路里程较短，车速较慢，主要面向本地区的交通出行。

次干道路设置较多平面交叉路口，与支路紧密相连，便于本地区交通出行和支路的引流。次干道路可以连接主要公共设施如学校、医院、购物中心等，满足本地区这些重点区域的交通服务。但次干道路的连接对象主要在本地区，联系范围较为狭窄。

4. 支路在城市中的功能

支路在城市中的主要功能是承担城区内部居民小区和短途出行的交通需求。

具体而言，支路直接连接城区各个居民小区、企业园区和公共设施，满足这些区域的短途出行和日常交通需要。支路里程较短，车速较慢，交通流量较小，主要面向本地区短途交通出行。

支路设置较多平面交叉路口，与其他支路、步行街等相连，方便本地区短途出行和步行。支路由于直接联系居民生活区，车流量较小，可以兼顾步行环境，设置人行道和绿化。支路起终端交通服务作用，是城市道路系统的末端网状体系。

城市道路系统规划的基本要求

城市道路系统的规划要求统筹考虑用地、交通、市政和环境等多个方面，既要满足城市土地合理利用和产业布局的需要，又要满足人员和物资流动的交通运输需求，还要满足各种市政管线的铺设条件，并且兼顾城市景观和环境质量，实现城市可持续发展。

1. 满足城市用地的要求

城市道路系统的规划首先需要满足城市土地利用和产业布局的要求。

这需要在道路布局和结构设计上兼顾城市各功能区的发展需要。

首先，要合理布局各级道路，密度适当，既要符合交通流动规律，也要避免出现道路浪费土地的情况。这需要结合城市总体规划和各功能区规划，合理确定道路网密度及各级道路面积比例。

其次，重要道路节点应考虑城市发展的向心性，连接城市各重点区域和功能区。这需要根据城市的产业发展方向及空间布局，确定城市的向心轴线和放射轴线，并沿轴线布局重要联络道路。

再次，道路的结构设计也需要兼顾土地节约的原则。这需要采用立体交叉形式，实现道路的立体穿越，减少道路用地。在道路交叉处尽量采用立交桥和涵洞的形式，避免采用平面广场形式交叉，大量占用土地资源。此外，主干道路采用双向多车道的结构设计，次干道路和支路可以根据实际需要设置单向单车道或双向单车道，以减少道路横截面宽度，节约道路空间。

最后，满足城市各区域发展需要的道路应根据当地土地利用类型和交通特征，灵活采用不同的道路结构标准。这需要区别对待主要产业区、商业区、居民区等不同类型区域，采用符合当地实际的道路结构设计，在保证交通流畅的前提下，最大限度节约土地资源。

2. 满足城市交通运输的要求

城市道路系统的规划还需要满足城市内部人员和物资流动的交通运输需求。这需要合理确定各级道路的设置、路线选择和道路通行能力。

首先，需要根据城市交通出行特征和交通流预测，合理确定主干道路、次干道路和支路等各级道路的布局密度。主干道路和次干道路应密度适度，既要满足交通需求，也要避免交叉点过多而影响通行能力。支路的设置则需要更为密集，直接面向本地区交通服务。

其次，各级道路的路线选择应沿城市的交通流向和集散方向设计。高速公路和主干道路应考虑城市之间和城区各区域的主要流向，采用环形、放射线路结构。次干道路和支路则需要面向本地区的交通组织，采用网络线路结构。同时，还需要考虑现有道路和城市轨道交通的路线，实现公共交通的有效衔接。

再次，各级道路的通行能力需要满足交通流量需求。高速公路和主干道路应设置多车道，采用立交桥与其他道路交叉，保证较高的通行能力。次干道路和支路可以根据实际需要设置单向或双向单车道，以满足本地区交通量需求。同时，应考虑人口密集区和商业中心区设置道路停车位，方便交通流入流出。

最后，城市快速路的设置应考虑城市快速交通需求。高速公路和环线快速路能够快速连接城市各区域及重要枢纽。同时，城市轨道交通线路的规划也应与道路系统衔接，形成公共交通网络，提高城市交通运输效率。

3. 满足市政工程各种管线铺设的要求

城市道路系统的规划还需要满足各种市政工程管线的铺设条件。这需要在道路结构设计中考虑管线铺设的空间需求和管线相互配合的要求。

首先，道路纵向结构应设置管廊或明渠，用于市政管线的埋设。主干道路应设置较宽的隔离绿地或绿化带，以容纳多种管线的铺设；次干道路和支路也应适当预留空间设置管廊，满足本地区管线需求。同时，道路两侧人行道与车行道的结构设计也需要预留管线铺设空间。

其次，道路横向结构中的人行天桥或地下通道也需要设置管廊，用于管线跨越。立交桥和涵洞等立体交叉结构更需要在设计中考虑市政管线的铺设要求，设置较宽敞的管廊空间。这需要市政部门和交通部门紧密配合，确保管线铺设不影响道路交通。

再次，不同类型管线还需要在铺设位置上考虑相互关系。这需要将供水管、排水管、电力线路、燃气管道、通信管道等管线分开设置，或采用相应的防护措施，避免管线损坏和相互影响。同时，还需要理顺管线铺设顺序，避免重复铲路带来不必要的损耗。这需要市政部门内部加强管线铺设的统筹规划。

最后，重要公共设施周边也需要加强管廊和管线铺设规划。这需要根据重要公共设施用水、排水、供电、供气等基础设施要求，进行管线铺设和容量设计。同时，还需考虑事故应急能力，设置备用管线，以满足重要设施的需要。

4.满足城市环境的要求

城市道路系统的规划还需要满足城市环境质量的要求，这需要在道路设计中考虑城市景观效果和生态环境保护。

首先，道路景观设计需要统筹道路绿化、广场水体、公共艺术品等方面，营造城市道路沿线的良好景观环境。这需要根据不同道路级别和所在区域特点，采取内容丰富的景观设计，如主干道路可设置广场喷泉、绿化带等，次干道路和支路可设置道路花坛、行道树等。同时，道路交叉口也需要设置景观塑造物，提升城市形象。

其次，道路两侧设置隔离带时应考虑生态效应。这需要选择适宜的树种和植物进行道路隔离带绿化，吸收车辆尾气并产生生态舒缓效应。在条件许可的情况下，主干道路带还可以同时设置自行车道等休闲道路，成为城市生态休闲带。此外，道路设计还应考虑减少交叉口数量，采用立交桥和人行天桥等形式代替平面交叉，减轻环境噪声和空气污染。

再次，重要道路通过自然生态保护区时应采取必要措施，确保生态环境质量。这需要考虑自然地貌特征，采用桥梁形式或通过隧道穿越等方式，最大限度地避免对生态环境造成破坏。同时，还应在道路设计中采取必要的防护设施，如设置隔音墙和排水系统等，减少噪声和水系污染问题。

最后，城市道路设计还应遵循可持续发展理念。这需要考虑公共交通、非机动车与机动车的协调发展，在道路占用宽度上为公共交通和非机动车保留必要的空间。同时，新建道路也应采用环境友好型材料，设置再生资源回收系统，最大限度地实现资源循环利用，保证城市环境质量和可持续发展。

城市道路交通管理规划的内容和原则

城市道路交通管理规划应对道路交通和管理的发展做系统总结，并通过社会经济和相关交通调查，获得大量的城市交通基础资料和信息，并对道路系统、动态交通、静态交通和交通管理存在的问题进行分析。运用多学科的理论、方法，科学预测规划年份道路交通发展趋势，研究城市道路交通管理发展的基本方略，提出今后交通管理工作的具体发展规划。

1. 城市道路交通管理规划的内容

城市道路交通管理规划主要包括组织管理、科技应用、宣传教育、车辆管理、勤务管理、法治建设以及交通安全防范等方面的内容。这些规划内容旨在通过道路交通管理体制的完善、新技术的引入应用、交通知识的普及宣传、车辆运行秩序的加强管控、交通服务质量的提升、法律法规的健全完善以及道路交通安全风险的分析防范，实现道路交通有序运转，提高道路通行效率和服务水平，确保人员与车辆安全，促进城市社会经济发展。

组织管理规划是城市道路交通管理规划的核心内容之一，它主要涉及道路交通管理体制的建设与完善。这需要根据城市交通管理现状，在管理区域划分、机构设置、职能配置等方面进行改革和调整，形成管理区域清晰、机构设置科学、职责配置合理的交通管理体制，为交通管理工作提供组织保障。

科技应用规划主要是以现代化技术手段为依托，提高城市道路交通管理的智能化水平和工作效率。这需要立足于交通管理工作的实际需求，选择合适的技术手段，最大限度地发挥技术在交通数据采集、交通状况检测、道路通行控制及交通事故预警等方面的作用，实现交通管理的现代化。

宣传教育规划主要是通过加大交通安全教育的宣传力度和提高交通安全知识的普及率，增强市民的交通安全意识和守法观念，促使人们在日常交通行为中自觉遵守交通规则，为道路交通安全提供重要保障。这需要立足公众交通安全教育的现状，采取多种方式和途径加大交通安全知识的宣传，扩大教育覆盖面，提高教育实效，让交通安全知识成为人们心中不可或缺的一部分。

车辆管理规划主要是通过加强机动车管理，提高车辆技术水平和运行秩序，为道路交通安全和畅通提供车辆方面的保障。这需要根据城市机动车保有量和运行状况，建立健全机动车登记管理、机动车运行管理、机动车技术状况管理等制度，加强对车辆的全生命周期管理，改善机动车运行环境，促进车辆管理水平的提高。

勤务管理规划主要是通过交通组织方案的优化、交通信号配时的科学化和交通秩序的严管等措施，确保道路交通的安全、畅通与有序。这需要根据道路交通容量和运行特点，合理设置车道、优化道路标志、完善交通信号配时方案，制定道路交通组织方案和疏导预案，并加强日常道路的交通疏导与管制，提高管理工作效能。

交通法规建设规划主要是通过对现行交通管理法律法规的修订补充和新法律法规的制定，建立现代化的交通管理法治体系，为交通管理工作提供法治保障和制度支撑。这需要根据交通管理现状和发展趋势，对相关法律法规的适用性与完备性进行评估，查漏补缺，修改不适用的内容，及时制定新法规，推动交通管理法治建设与时俱进。

道路交通事故防范工作规划主要是通过对交通事故高发路段、类型和原因的分析，采取有针对性的交通管理与工程措施，最大限度地减少交通事故的发生，提高道路交通安全保障水平。这需要在交通事故统计与分析的基础上，对事故高发路段和类型实施重点防范，改善交通环境，优化交通方式，严密监管交通秩序，以综合施策降低交通事故率。

2. 城市道路交通管理规划的原则

城市道路交通管理规划应遵循的原则包括：合法合规，立足当前以缓解拥堵为起点，规划长远具备战略高度；体现公交优先与可持续发展理念，不断完善实现滚动发展。这些原则要求城市道路交通管理规划工作必须在相关法律法规框架内开展，以现阶段城市交通拥堵状况为出发点，制定避免和缓解交通堵塞的管理措施和交通发展目标。同时，还需要着眼长期发展，具有前瞻性，引入科技手段提高管理效能，优先发展公共交通，促进交通可持续发展，以人本理念服务市民出行。而任何方案都需要不断完善与调整，根据情况变化进行更新，实现管理规划的动态调整和长效发展。

合法合规原则要求管理规划工作既要遵循法治精神，也要符合政策导向，两者缺一不可。遵循法治精神是确保规划方案具有法律授权和程序正义，符合政策导向是使规划思路和执行效果与上位管理理念相呼应，实现政策层面对工作指导的要求。所以，管理规划工作的首要任务是深入剖析相关法规政策，厘清法律关系和政策脉络，明晰工作定位和发展方向，这为规划方案的制定奠定了制度基础。

立足当前原则要求管理者准确识别城市交通发展过程中日益突出的问题，并据此定位管理工作的重点方向。例如，在机动车数量剧增和道路空间相对萎缩的今天，交通拥堵已经成为大多数城市交通发展面临的最大难题。立足当前原则还要求管理规划方案必须贴近城市交通发展实际，从交通拥堵的具体情况出发，因地制宜提出切实可行的应对对策。

规划长远具备战略高度原则要求管理者在分析当前交通态势的基础上，放眼城市未来发展，预判交通需求变化趋势，并据此制定具有长远指导意义和前瞻性的发展策略与管理举措。管理规划需要同时考虑影响交通发展的社会经济因素，如城市人口、产业结构与空间布局变化等，在战略高度上把握交通管理发展方向，不受眼前利益驱动或面临的问题制约。城市道路交通管理规划工作应满足科学化、智能化管理要求，运用先进理论与技术手段，在提高管理工作科学性和精细化的同时也提出更高要求。

公交优先原则要求管理者在研究替代方案时优先考虑发展公共交通，提供更加便捷高效的出行方式，最大限度地减少对私家车的依赖。这需要在规划道路运输结构时优先保障公交车行驶道路与停靠点用地，在道路交通组织上优先考虑公交车运行效率与服务质量，并推动限行、停车收费等措施，引导民众选择公共交通出行。

可持续发展理念原则要求管理工作遵循节能减排和环境保护原则，注重交通方式结构的优化调整和新能源的应用推广。这需要在发展道路运输方式时优先考虑对资源消耗和环境影响最小的方式，加快新能源车辆与设施建设，推动绿色出行。同时，还需要合理控制机动车保有量与使用强度，发展公共交通和非机动交通，实现交通服务需求的最大化满足与环境影响的最小化。

不断完善实现滚动发展原则要求管理者对已有规划方案进行持续追踪评估，发现方案在实施过程中暴露出的问题与不足而后进行修订，并结合新情况、新要求提出优化改进措施，使方案内容不断丰富，手段与技术不断更新，措施更加科学合理和可行。例如，在实施交通拥堵治理方案后，发现某些措施效果不佳，需要及时进行检讨与修订，并增加新的应对手段，使方案在实施过程中不断被修订与优化。

城市道路标识标牌系统的规划和设计

城市道路标识标牌系统的规划设计工作需要在人性化设计、材质选择以及统一规划等方面达到最佳配合。这要求设计者不但具备人性化设计与材质选择的专业知识，更需要系统了解城市道路交通系统与结构，从全局出发进行标识标牌的统一规划与布局。只有在这三方面实现有机统一，标识标牌系统的设计才可能真正发挥导向作用，为城市交通运输保驾护航。

1. 人性化的设计

人性化设计原则应该在城市道路标识标牌系统的规划设计中处于首要地位，这要求设计者站在道路使用者的视角对标识标牌的各个要素进行深入考虑，包括文字内容、图标符号、颜色形式以及布局结构等，使标识标牌在视觉传达效果和人机交互体验上达到最佳效果。

在文字内容方面，设计者应选择标准明确的字体，内容要简练精练，避免过多信息导致视觉混乱。同时，文字内容应与特定交通环境相匹配，突出交通功能导向。例如，高速公路标识标牌侧重于路线指引，城市道路标识标牌侧重于地名与方向指示。这要求设计者对不同交通环境下使用者信息需求有清晰认知，在定位和内容选择上与环境相符。

在图标符号方面，设计者应选择简洁有代表性的图形，颜色应选择高亮且对比强烈的色系，以产生明显的视觉指引作用。同时，要考虑道路使用者对常用交通标志的习知程度，尽量选用国际通用的交通标志，提高识别率与辨识度。这需要设计者对视觉识别特点与规律有较深入的理解，在视觉感知上体现人性化关怀。

在颜色与布局上，应遵循从上而下、从左而右的视觉识别顺序，采用从浅到深、从单色到多色的变化原则，使标识标牌的颜色与城市主色相协调，体现出整体的美感与秩序。布局上内容要突出重点、层次分明、条理清晰，具有良好的延续性。这需要设计者在色彩搭配与结构布局上具备较强的形象思维能力，做到既美观又实用。

2. 色彩与环境协调搭配

城市标识标牌设计工作应在色彩搭配上做到与环境协调，这需要设计者对建筑物及周边环境的色彩特征有细致观察与深入理解，在标识标牌设计中选取与环境色彩相映衬的色系，使标识标牌在显著性与融合性之间达到平衡，发挥最佳的导向作用。

在设计过程中，设计者应首先对建筑物本身的风格、主体色彩及装饰色彩等要素进行分析，了解建筑物所呈现出的整体色彩印象与特征。然后观察建筑物周边环境中与之相协调的次要色彩，包括建筑物装饰物、周边植被、地面材质等。在此基础上选取在色相上与主导色接近，在明度与纯度上有所不同色彩作为标识标牌的主色。同时，选取与主色有一定互补关系的色彩作为辅助色，使标识标牌色彩系统在融入环境的同时又具有一定的区分度。

通过色彩的巧妙搭配，标识标牌设计既能够在视觉上融入周边环境，又能通过色彩的变化获得一定的个性与识别性。这需要设计者具备较强的色彩搭配与变换能力，能够根据环境色彩选择与之互补或协调的色系构建标识标牌色彩方案。同时，还需要具备较强的形象思维，在本地色与变色之间取得平衡，使得标识标牌色彩既能融入也具有适度的凸显作用。在具体设计实践中，还需要考虑标识标牌所在建筑物的样式风格特征及能否承载较为鲜明的色彩变化，避免产生过于强烈的视觉冲突。这需要设计者在色彩选择与搭配的同时考虑到建筑物自身的视觉承受度，根据建筑物的体量与装饰样式选择色彩深浅，从而达到最佳协调状况。

3.材质的选择、使用和维护

在材质的选择上，需要综合考虑标识标牌的安装环境、使用功能和维护成本等因素，选择既牢固耐用又具有一定耐腐蚀性的材料，使标识标牌能适应外界环境并具有较长使用寿命。

标识标牌安装环境复杂多变，会面临自然环境因素如紫外线、风雨侵蚀以及城市腐蚀性污染物的影响。这要求选择的材料具有一定的抗紫外线、防水以及耐酸碱性功能，以减少环境因素对标识标牌造成的损害。同时，材料本身也应具备一定的机械强度，能够承受安装及使用过程中的各种应力，保证标识标牌的结构完整。这需要设计者对不同材料的性能与特点有较为全面、清晰的认知，在综合考虑标识标牌使用环境后作出最佳选择。

标识标牌的使用功能要求提供清晰持久的信息显示，这需要材料平整光滑而不易老化，图文信息不能因材料原因出现脱落、消色或破损现象。同时，大小尺寸不同的标识标牌，对材料强度也有不同要求，大型标识标牌需要选择机械强度高、重量轻的材料，以方便安装与减少结构负荷。这要求设计者在选择材料时考虑到标识标牌的具体用途与结构特征，选择既满足显示要求又匹配结构强度的材料。

材料的维护成本也是标识标牌设计中的重要考虑因素之一。应选择维护周期长、维修难度小的材料，尽可能降低标识标牌的养护成本。这需要设计者在选择材料时对其在清洁、修补等方面的难易程度及周期有清晰的认知，综合材料本身价格因素做出经济合理的选择。

材料选择工作在标识标牌设计中发挥关键作用，这要求设计者对各种构成标识标牌的常用材料有全面准确的了解，并能根据标识标牌的具体用途与所处环境综合判断材料的适用性。只有选择恰当的材料，标识标牌的安全性、功能性与经济性才可能兼顾，也才可能真正发挥交通标志的作用，为道路交通安全与便捷出行提供支撑。这也需要设计者不断充实专业知识，加强对新材料、新工艺的研究与跟踪，为标识标牌设计工作提供更广阔的思路与更多可选材料。

4. 系统性的布局与设计

标识标牌的统一规划需要在系统层面对标识标牌进行布局与设计，这要求设计者从城市道路交通系统和结构出发，对标识标牌的设置位置、数量、尺寸以及式样等进行科学判断，使标识标牌在城市道路交通环境中发挥连续、清晰的导向作用。

在设置位置上，应根据道路等级和重要节点确定标识标牌的布局密度。高级别道路和重要交叉路口应设置较高密度的标识标牌，为驾驶者提供详细的导向信息。这需要设计者对城市道路系统有清晰理解，对不同道路等级以及路口的交通功能做出准确判断，以点阵密布和线性部署相结合的方式确定标识标牌的设置位置。

在数量方面，应根据道路网的复杂程度和交通流量大小进行综合判断。道路网络错综复杂且车流量大的区域，应设置较多的标识标牌，确保驾驶者能够及时获知导向信息。这需要设计者对不同区域的道路系统特点和交通状况有准确评估，设置数量与交通复杂程度相匹配的标识标牌，以避免发生信息不足或信息过剩的现象。

在尺寸和式样方面，应根据道路设计标准和交通标识规范进行统一管理。不同等级的道路应选择匹配的标识标牌尺寸，并在颜色和图文表达上实现标准统一，这需要设计者熟知相关技术标准规范，根据道路等级和设计标准选择标识标牌的适宜尺寸，在式样上实现系统内的协调一致。

在内容上，不同路段标识标牌的图文内容应相互衔接，实现信息的递进与连贯，如高速公路收费站标识标牌引导驾驶员进入主道，而主线公路标识标牌则提供连续的路线方向信息。这要求设计者对道路系统的交通流向与路段连接关系有清晰理解，使标识标牌内容在不同路段实现有机衔接。

第五章　城市绿化与景观的规划设计和管理

优秀的城市绿化与景观的规划设计须实现生态规划、景观设计、数字技术应用与管理维护的有机结合：规划城市绿地生态系统，构建城市生态安全框架；遵循景观设计原则，体现地方文化，注重自然变化；运用数字技术精细化完成设计方案与效果模拟；加强绿地资源配置与日常管护，实现环境效益与经济效益的统一。

城市绿地系统景观生态规划措施

城市绿地系统生态规划应构建点、线、面三要素结合的合理空间结构，实现景观异质性和生物多样性：一是合理规划绿地斑块的分布与面积，提高景观多样性，满足不同层次的公众需求；二是建设生态廊道，实现绿地资源的有效衔接，改善城市生态环境；三是注重基质的连贯性与生态功能，选择符合当地条件的植物配置；四是提高生物多样性，形成生态网络，改善城市微气候。

1. 斑块的合理分布

斑块是指城市中较大面积的绿地空间，如城市公园、居住区公园等。在城市绿地系统规划中，斑块的分布与面积对城市生态环境质量有着重要影响。

首先，需要根据城市总体规划及城市发展目标，确定城市公园绿地的数量、面积与布局。一般而言，城市公园面积占城市面积的比例应不低于10%，并合理分布于城市各区域。

其次，需要考虑居住区绿地的面积与数量。居住区公园服务面积一般为 5000 ~ 20000 平方米，步行可达范围为 300 ~ 500 米。每个居住区应有 1 ~ 3 个此类公园，面积比例占居住区面积的 2% 左右。

再次，斑块之间需要有效衔接。这需要通过生态道路、河道等线性元素将不同斑块进行空间连接，形成网络，实现生态廊道效应。同时，合理分配不同大小的斑块，避免城市生态空间过度碎片化，保证生态系统的完整性。

最后，斑块设计需体现生态多样性理念。在植物配置上选择本地适宜生长的品种，注重层次的丰富性；在景观设计上融入本地文化，体现地方特征；在功能设施上兼顾不同人群的使用需求。这需要设计人员具备较强的生态与景观设计能力，理解城市生态系统的复杂性，做到兼顾生态效益与使用效益。

2. 廊道的合理分布

廊道是指城市中线性的绿地空间，如生态道路、河岸绿化带等。在城市绿地系统规划中，廊道的设计对改善城市生态环境质量和微气候有着重要作用。

首先，需要根据城市总体规划，确定主次干道路及河系资源，为廊道规划提供基础。生态道路选线应符合城市道路结构，选择道路两侧空间较宽阔处；河岸绿化带应紧贴河道，避免占用过多土地资源。

其次，需要考虑不同类型廊道的生态功能定位。生态道路侧重改善城市微气候，选择高大乔木配置；河岸绿化带着重水源保护，选用湿生植物；而历史文化街区廊道则更加注重文化体现与美学效果。

再次，廊道设计应体现连贯性。这不仅需要采用相近或相同的植物配置，在视觉上衔接不同路段或河段，同时也应利于生物迁徙，还需要通过人性化的引导系统，如步道、标识等手段，引导人们体验整体廊道空间。

最后，廊道生态设计应兼顾交通要求与环境需要。在道路设计上应考虑车辆通行与人行空间，使交通机能不受影响；在植物选择上需考虑成长性与根系，避免影响道路与管线结构。这需要在绿化设计上与城市规划相结合。

3. 基质的合理分布

基质是指城市中点与线以外的其他绿地面积，包括路边绿地、院落绿地、屋顶绿化等。这部分绿地面积较为碎片化，但数量众多，对城市生态环境质量有着不可忽视的作用。

首先，需要全面调查城市现有基质资源，了解面积、分布状况及生态功能。这为基质绿地规划提供了数据与现状分析基础。根据城市特点及发展需求，确定基质绿地的规划目标与优先发展方向。

其次，需要合理规划基质绿地的配置与布局，应避免过度集中或碎片化，实现均衡分布。同时，根据城市功能区位，选择适宜的植物，发挥基质绿地应有的生态效益，如改善微气候、减缓水流等。

再次，基质绿地设计应体现连贯性。这需要在视觉上通过相近或相同的植物衔接不同基质空间，形成生态网络。同时，也需要通过设施引导，如步道、标识等方式，鼓励公众深入体验基质空间，实现生态教育的目的。

最后，基质绿地设计还需兼顾实用功能。这部分绿地空间往往具有交通和市政等实用功能，需要在绿化设计上考虑植株对视线和活动的影响，合理选择种类与形态，发挥绿地资源的最大效益。

4. 生物多样性

生物多样性是指生态系统中动植物种类的丰富度。在城市绿地规划设计中，提高生物多样性有助于丰富生态功能，改善城市生态环境。

首先，应增加植物种类的选择。这需要根据本地气候条件与区系特点，选择各类乔木、灌木、藤本及草本植物。种类越丰富，生物多样性越高，生态系统的稳定性也越强。

其次，应提供各种动植物生存繁衍的环境。这包括选择不同光照强度、湿度及酸碱度的植株，设置天然材料如石块、朽木等，为动植物提供躲避与掩蔽环境，这需要在微观设计上进行细致考虑。

再次，应选择连续性较强的植株，形成生态廊道。生态廊道能减少生物种群受干扰程度，实现基因交流，提高生物多样性。同时，应尽可能选择当地常见乔木，延长生态路径。

最后，应加强日常的养护与管理。这包括定期进行植被清理、施肥及修剪，维持优良的生长环境；定期检查小型动物的活动状况，如鸟类及昆虫等，防止其数量过剩或过于稀少，维持生态平衡。这需要加强对生态系统的监测与研究，为管理提供科学依据。

城市景观小品设计的原则、方法与要点

城市景观小品设计应遵循融合性原则，采用因地制宜的设计方法，注重视觉冲击力和互动性要点：通过选择符合城市文化与特征的素材，融合周边环境，体现地方特色；采用适宜的空间手法，创造新颖体验；在视觉冲击上应用变化的高度或材质，在互动上加入趣味性元素，激发公众兴趣，实现环境教育的目的。

1. 城市景观小品设计的原则

融合性原则。小品设计应遵循整体与协调的原则，在风格、色彩、质感与空间手法上与周边环境相融合，避免突兀。这需要考察周边历史文化、景观风格与城市特征，选择相近的设计语汇。

适宜性原则。小品设计应根据选址条件及功能定位选择适宜的设计方案，如接近道路应考虑视线范围和交通安全，水边空间应考虑湿地景观的体现，儿童活动空间应注重互动性与趣味性。设计师需要全面分析选址条件与使用者，制定适宜的设计方案。

创新性原则。小品设计应体现一定的创新性与新颖性，做到在选材、空间组织和景观上与众不同，以激发公众兴趣，营造新的体验。这需要设计师具有丰富的生活阅历和审美眼光，擅长从生活细节中获取灵感，并将之转化为新的设计概念。

环境教育原则。小品设计应具有一定的环境教育意义，通过选择生态环保的材料、创意的互动形式，增强公众的生态意识与环境保护意识。这需要在设计理念上体现生态可持续的理念，引入生态环保元素，并以简约直观的形式传达理念。

2. 城市景观小品设计的方法

项目选址分析。这包括对周边环境、历史文化、交通状况等方面进行调研，找出选址优势与制约因素，为后续设计提供依据。选址分析需要设计者具备广博的知识面与洞察力，准确把握项目发展方向。

功能定位研究。这需要根据项目选址条件及城市发展需求，确定小品设计的主要功能，如环境教育、儿童互动、休闲体验等。功能定位能为后续的设计方案提供针对性，实现美学效果与实用功能的统一。

设计方案构思。这需要设计者根据选址分析与功能定位，提出符合原则要求的初步设计方案。方案构思需要体现整体的协调性与设计的创新性，并将数字手法的应用发挥到最大，实现方案的直观表现。

效果模拟评估。在方案设计完成后，需要利用数字技术进行效果模拟，对材质、造型、色彩进行配比测试，并就活动流线、体验过程等方面进行评估。这有助于及时发现并修正设计方案中的不合理之处，确保最终方案的可实施性与实用价值。

3. 城市景观小品设计的要点

视觉冲击力。这需要通过选用新颖的材料与设计合理的空间结构，在色彩、造型与高度上形成强烈对比或变化，产生视觉上的强烈感官体验，吸引公众注意力。视觉冲击力需要建立在对周边环境与城市特征有深入理解的基础上，应避免过于夸张。

互动性。这需要在设计中引入互动装置或元素，鼓励参与者进行操作或体验，产生互动感与乐趣。例如：水景中设置水龙头，让人们体验水流变化；儿童空间设置转动或爬行设施，增加游戏乐趣。互动性设计需要考虑人体工程学，确保安全性。

趣味性。这需要在设计中融入机关、惊喜或挑战等元素，在体验过程中产生新奇感与探索欲望。例如：设置望远镜透视城市风光，了解四季变化；设置类似密室逃脱的挑战，增加游戏乐趣。趣味性设计也需要注重安全性，避免出现危险因素。

生态性。这需要在材料选择与空间营造上融入生态环保理念，引入当地天然材料，配置适生植物，传达可持续发展理念。生态性要点需要设计者对生态系统有较深入的理解，选择合适的形式与手法进行表达。

计算机技术在园林景观设计中的应用

计算机技术的广泛应用带来更高的工作效率与设计精度，有助于实现园林景观设计的科学化与智能化。设计者需要积极运用数字手段开展选址分析、方案构思、效果模拟与方案评估，不断检验和修正设计方案，以确保工作成果达到最佳水平。

1. 选址分析

在园林景观设计的选址分析阶段，数字技术主要通过 GIS（地理信息系统）和相关软件发挥作用。

GIS 可以对选址周边道路、地貌、地下管线、植被、水系等信息进行整合与分析。设计者可以快速获取选址的交通条件、地形地势、水资源状况和现有绿化情况，全面了解区域基础设施与生态环境，为景观定位提供依据。

借助数字高程图和三维 GIS，可以较为准确地分析选址的海拔、坡度变化和视域范围，设计者可以清楚地掌握选址的地形特征与地势优势，有针对性地提出设计理念，发挥地形地势带来的景观作用。

通过历史地图和卫星影像对比，可以较为直观地分析选址周边历史变迁与城市发展进程，设计者可以深入理解选址所处的历史环境与文脉变化，在后续的设计理念和方案中对本地历史和文化进行体现和延续。

借助模拟软件和 VR 技术，设计者可以设置不同日期和时间，模拟选址周边的太阳角度和阴影变化，在设计初期就考虑日照环境因素，选择适宜的植物配置和小品设置，最大限度地发挥选址条件带来的观赏价值与体验感受。

2. 方案构思

在园林景观设计的方案构思阶段，数字技术主要通过三维模拟软件发挥作用。

采用 AutoCAD（Autodesk Computer Aided Design）、SketchUp（草图大师）和 Lumion（是一款可以将任何 3D 模型转化为逼真的可视化效果的软件）等软件可以直观地表达设计理念，生成概念性三维模型和效果图。这种数字表现手法可以最大限度地传达设计理念，指导后续的详细设计方案。同时，也可以对不同设计方案进行快速变化和比较，提高设计效率。

三维模拟软件可以模拟植物生长和景观变化，呈现方案在不同时间段内的效果，检验设计方案的实施性。设计者可以在设计初期就考虑植物生长周期和景观演变进程，避免出现成本高昂却效果不佳的情况。

借助虚拟现实技术，设计者可以身临其境地体验三维方案效果，检验视觉效果和空间感受，及早发现方案在人体工程学、流线性和亲和力等方面的不足，实现方案的优化与修正。

通过三维数字模型可以自动生成设计方案的各类图面，包括总平面图、剖面图、效果图以及节点详图等。这种自动化的绘图技术可以大大减轻设计者的工作量，提高方案表达的准确性，为后续施工提供详细的数据支撑。

3. 效果模拟

在园林景观设计的效果模拟阶段，数字技术主要通过渲染软件和虚拟现实技术发挥作用。

采用 Lumion、V-Ray 等渲染软件可以生成逼真的三维仿真效果图和动画，设计者可以直观地评估设计方案在视觉上的成果，检验元素配置、色彩运用以及层次变化等方面是否达到预期目标。

借助虚拟现实技术，设计者可以真实地体验三维数字景观，评价设计成果在空间体验和亲和力方面的表现。这种真实的环境体验有助于发现设计方案在人体工程学和体验流程上的不足，实现及时修正。

通过设置不同的日期、时间和天气条件，可以模拟方案在不同季节和日照环境下的效果，设计者在设计初期就能考虑到方案的四季适应性和日照变化响应，选择恰当的植物和景观材料，提高方案的实施性。

此外，渲染软件还可以模拟人流量和活动场景，检验景观小品和步道在实用性方面的表现。设计者可以设置不同密度和不同组成身份的人群，分析人流在景观中的分布和停留特性，评价景观小品和广场空间在容纳能力和使用体验上的成效。

4. 方案评估

在园林景观设计的方案评估阶段，数字技术主要通过预测模型和模拟软件发挥作用。

采用基于规则的 CA 模型和基于过程的系统动力学模型可以对植物生长和景观演变过程进行定量预测与模拟。设计者可以设置不同的初始条件和时间跨度，探究植物配置方案和景观的长期变化趋势和稳定性。这为景观方案的可持续性评估提供了理论支持。

通过微气候模拟软件可以计算方案在温度、湿度、风速以及日照环境等方面的影响。设计者可以比较不同方案在改善城市热环境和优化微气候方面的效果，为最终方案的确定提供环境数据支持。

采用水文模型和水动力模型可以模拟方案对区域内水循环、径流以及水环境质量的影响，设计者可以在设计阶段就考虑方案对周边水系和水资源的影响，确保水环境的可持续利用。

通过人群流动模型和空间使用模型可以预测景观中的人流量分布和活动区域选择情况。设计者可以根据模拟结果评价方案在容纳人数、空间连通性和使用便利性方面的表现，判断步道系统、活动区域以及相关设施的布局是否合理。

园林绿化精细化养护管理的思路与对策

实现园林绿化精细化养护管理，关键在于利用现代科技手段建立精细化监测体系，依托大数据分析技术制定分类施护策略，实施针对性养护；加强人才培养与技术创新，不断优化管理系统，为绿化管理提供全面支撑，这需要政府、企业与高校密切合作，推动数字技术与生态学理论的结合，实现园林绿化管理的优质提升与可持续发展。

1. 建立精细化监测体系

建立精细化监测体系是实现园林绿化精细化养护管理的基础，需要从以下几个方面开展工作。

运用环境监测技术，布设温湿度计、光照度计、空气质量检测仪等设备，实时监测绿地内的温度、湿度、光照强度以及空气质量信息。通过对这些环境数据的统计与分析，可以较为准确地掌握绿地内的微气候，为不同植物的适生性评估及分类施护提供科学依据。

利用图像识别与三维激光扫描技术，定期监测植物高度、树龄、生长势及健康状况，最大限度地收集植物参数信息，为植物分类、定期检查以及增鲜换代提供数据支撑。同时，也可以通过与历史数据的比较，监测植物的生长变化与衰退趋势，实施差异化养护。

采用植物生理传感器，监测植物体内的光合作用、呼吸作用以及水分情况，在植物生长早期就监测到其生理状态变化，及早发现生长势衰退及病虫害，为植物的健康管理与疾病防治提供预警信息。

建立基于 GIS 的精细化监测体系，实施定期巡检与数据采集，将环境监测、图像识别与生理信息整合在同一平台。依托 GIS 围绕植物生长中心，实现对绿地内各类信息的动态监测与更新，为科学决策与分类施护提供全面的数据支撑。

2. 利用大数据分析技术

依托大数据分析技术可以深入挖掘监测数据，揭示植物生长规律与环境要素的相互作用，为分类施护提供理论基础。

建立完备的环境数据与植物生长数据库，收集不同季节、不同植物类型以及不同生长阶段的监测数据，为大数据分析与挖掘奠定数据基础，以发现植物生长响应规律与环境变化的相关性。

利用关联分析与路径分析方法，分析不同环境要素（如温度、湿度、光照等）与植物生长参数（如高度、叶面积指数）的相互作用与影响路径，较为准确地判断不同环境要素对植物生长的促进或抑制作用，为植物生态适宜性评估提供理论基础。

采用聚类分析与判别分析方法，对植物生长数据与环境数据进行整合分析，将植物进行科学分类，同时也将环境要素进行聚类，发现植物生长中心与环境的内在聚类规律，为植物分类施护提供分类方案。

利用回归分析建立植物生长模型，揭示植物生长量与环境要素数据之间的定量关系，以方便管理者输入不同环境数据，预测植物的生长状况，发现生长势衰退的预兆，为科学决策提供理论依据。

3. 建立精细化养护管理系统

建立基于监测与大数据分析的精细化养护管理系统，是实现分类施护的基础。

将全市绿地根据植物类型、生长条件与功能定位进行科学分类。在此基础上，制定分类施护标准与技术规程，明确不同类型绿地的养护目标、施工技术要求与管理策略，为分类施护提供依据与指导。

建立分类施护计划与预警机制。通过环境监测与大数据分析，定期评估不同绿地的生长状况与健康水平，制订季度性或阶段性的施护计划，并在植物生长出现问题时实时预警，提高管理响应速度。

依托环境监测与生长模型，定期检查不同绿地内植物的实时生长状况。在发现植物生长速度下降或出现病虫害时，及时实施有针对性的施护，如浇灌、施肥、修剪或喷洒农药等，这需要与施工企业建立信息共享机制，实现理念传递与技术指导。

将精细化养护管理系统与政府监管系统有效对接。通过信息共享与技术支撑，政府部门可以动态掌握全市绿地生长状态，实施分类监管与考核。同时，也可以运用大数据手段，对历史数据进行整合分析，不断优化绿地分类标准与施护技术规程。

4. 加强人才培养与技术创新

加强人才培养与技术创新是实现园林绿化精细化养护管理的保障。这需要从以下几个方面开展工作。

加强园林管理与养护人员的培训，提高其对数字技术的应用能力。这需要将现代科技手段如环境监测、图像识别与大数据分析纳入人才培养体系，开展定期培训，帮助人员熟练掌握各类监测设备的操作与数据处理方法，不断提高信息化管理与分析能力。

加强与高等院校的合作，推动理论创新与技术研发。高校具有雄厚的理论基础和强大的研发实力，可以在环境检测、大数据分析与智能识别等方面提供技术支撑。通过项目合作或聘请高校专家，实现理念更新、技术提升与管理创新。

鼓励企业开展技术创新与产品研发。企业是技术创新与产业化的主体，通过市场机制可以加快环境监测、自动化识别及信息管理系统产品的研发与应用。政府部门应通过政策支持与资金扶持，推动企业在精细化管理领域开展技术研发与产品创新。

建立人才培养、科技创新与产业化发展的长效机制，这需要政府与高校、科研机构及企业形成创新生态圈，通过项目合作、人才交流、技术转移等方式实现资源整合与协同创新。在此基础上不断更新理念，提高技能，加快技术推广与产业化，为精细化管理提供人才与技术保障。

第六章　城市色彩的环境规划设计与管理

城市色彩的环境规划设计与管理涉及城市色彩景观规划、街道色彩景观设计、建筑色彩设计以及色彩污染蔓延的防治与处理四个方面。要实现城市色彩环境的整体提升，需要根据城市文化特征与景观风格，统筹规划城市色彩结构与色板；运用色彩设计原则，营造连续统一的街道色彩景观；控制建筑色彩，协调城市空间色彩视觉效果；加强色彩污染监管，及时整治不合理的色彩设计，防止城市色彩秩序混乱；通过色彩教育提高公众环境美学素养，推动全社会共同参与，共同维护市容市貌。

城市色彩景观规划设计的要求及要点

城市色彩景观规划设计需要以增强城市魅力和提高环境质量为目标，根据城市文化背景和景观风格选择色彩主题，并制定科学合理的色彩结构和色板。在此基础上，从功能划分、空间层次和视觉影响三个方面入手，划分不同类型的色彩区域，确定每个区域的色彩基调和要素，明确色彩搭配关系和变化规则，达到色彩连贯统一与视觉和谐的效果。

1. 城市色彩景观规划设计的要求

城市色彩景观规划设计要以增强城市魅力和提高环境质量为目标，重点把握以下几点。

83

根据城市的地域文化特征和景观风格，选择色彩主题，制定科学的色彩结构与色板。色彩主题的选择应反映城市的历史文化内涵和未来发展方向，色彩结构应体现城市的层次特征和空间结构，色板的制定应考虑色彩的和谐、美感和适应性。

从城市空间的功能属性、景观层次和视觉影响出发，将城市分为不同类型的色彩区域，如根据功能可划分为居住区、商业区和工业区等，根据景观层次可划分为地面色彩、建筑色彩和天际线色彩等，根据视觉影响可划分为色彩重点区域、色彩骨架区域和色彩普通区域等。

确定每个色彩区域的色彩基调和要素，明确不同色彩区域之间的搭配关系和变化规则。色彩基调体现区域色彩主题，色彩要素丰富色彩层次，色彩搭配保证视觉连贯，色彩变化规则使色彩产生动态效果。

考虑色彩的时代性发展和人们的视觉适应性，选择色彩手法以跟上时代潮流。现代城市色彩强调科技感和艺术感，注重与时俱进，同时也需要兼顾传统文化，体现历史积淀，这需要色彩设计师具有较高的审美眼光与色彩预判能力。

2. 城市色彩景观规划设计的要点

城市色彩景观规划设计需要从功能划分、空间层次和视觉影响三个方面入手，来把握其中的要点。

以功能属性划分色彩区域，可以使色彩体系与城市功能结构相协调，如居住区色彩应体现安逸舒适，商业区色彩应强化活力感，工业区色彩应体现简洁劲爽。这需要深入剖析不同功能区的属性与特点，选择相匹配的色彩主题与语言。

从空间层次划分色彩区域，可以使色彩手法与城市空间影响相映衬，如地面色彩应注重连续性与统一性，建筑色彩应体现高层与低层的区隔和协调，天际线色彩应强化城市标识与视觉坐标。这需要全面考虑城市的高度构成与空间影响，选择相应的色彩来营造层次分明的空间感。

从视觉影响划分色彩区域，可以达到色彩重点的强化与普通地区的统一。色彩重点区域的色彩力度强，视觉冲击力大，可以起到强化城市象征与空间记忆的作用；色彩普通区域的色彩简洁大气，连接着各色彩重点区域，可以达到视觉连续和谐的效果。这需要准确识别城市的色彩重点与普通区域，选择色彩手法来达到视觉上的重点突出与和谐统一。

城市街道色彩景观的规划设计方法

城市街道色彩景观的规划设计需要系统考虑各色彩要素，确定合理的设计目标与原则，调研现状并明确色彩定位，编制科学的色彩规划方案，选择装饰元素色彩，并实施有效的维护机制。

1.明确色彩设计的目标和原则

明确色彩设计的目标和原则是城市街道色彩景观规划设计的首要环节。

色彩设计的目标主要包括以下几个方面。

视觉舒适。选择与环境相协调的色彩与材质，色彩变化流畅连续，给人以安定舒适的视觉感受。

连续统一。街道色彩规划各要素实现色彩的连贯和秩序，产生视觉上的统一效果。

体现文化。选用能代表区域历史文化特征的色彩，唤起人们的文化记忆与认同感。

功能导向。根据街道功能属性选择色彩，如商业街道色彩活泼，住宅街道色彩素雅，以产生识别效果。

引导行为。通过色彩手法在关键节点设计导视系统，引导人们的行走方向和速度，改善街道人流。

色彩设计应遵循的原则主要有以下几个方面。

色彩和谐。色彩选择应考虑到视觉平衡和协调，避免过度鲜艳或单一，以达到舒适的色彩关系。

以人为本。色彩设计应符合大众的审美情趣与视觉习惯，产生愉悦和亲切的感受。

功能导向。色彩应根据街道功能与属性选择，体现其特征与识别性。

环境协调。色彩应与周边环境和谐统一，实现色彩的连续变化。

科学性。色彩设计应运用色彩构成的原理与知识，达到视觉秩序和逻辑效果。

2. 调研街道现状色彩环境

调研街道现状色彩环境是制定色彩规划方案的基础。调研主要包括以下几个方面。

建筑色彩调研。记录街道两侧建筑使用的外立面色彩，分析其色调、色相、明度特征及色彩构成方式，了解其与周边环境的协调性及存在的问题，为建筑色彩规划提供参考。

地面色彩调研。记录街道地面采用的色彩与材质，分析道路、人行道、广场等地面色彩的连续性、统一性及与周边色彩的协调关系，了解现状问题，为地面色彩规划提供依据。

照明色彩调研。记录街道夜间采用的照明设施与色彩，分析其色温、色调与亮度特征，考虑其与夜间环境色彩的协调性，为夜景照明色彩规划提供参考。

植被色彩调研。记录街道采用的乔木、灌木、草地等植被色彩，分析不同植被在不同季节呈现的色彩特征，考虑其在提升街道色彩景观中的作用，为后续绿化色彩规划提供依据。

街道元素色彩调研。记录街道采用的色彩导视系统、座椅、垃圾桶、路灯等街道元素色彩，分析其色彩特征及与街道色彩环境的协调性，为这些元素的色彩选择提供参考。

3. 确定街道色彩定位和基调

确定街道色彩定位和基调是编制色彩规划方案的首要环节。

街道色彩定位的主要依据是其功能属性和区域文化特征，具体如下。

商业街道：活泼、明快、时尚的色彩定位；

文化街道：庄重、雅致、历史感的色彩定位；

住宅街道：素净、安静、舒适的色彩定位；

景观街道：自然、清新、休闲的色彩定位。

不同的色彩定位体现街道的不同特征与识别度，需要设计者准确理解街道的属性与特点，选择符合要求的色彩定位。

色彩基调的选择应考虑以下几方面。

区域色彩文化：选择能代表区域色彩文化内涵的色彩作为基调色彩，如皖南水乡选择青绿色基调。

公众喜好：选择公众较为喜爱和熟悉的色彩作为基调色彩，如北方城市可选择红色作为商业街道基调色彩。

环境协调：选择与周边环境相协调的色彩作为基调色彩，实现新老色彩的协调统一，如山地城区可选择棕色或绿色基调。

功能呼应：根据街道功能属性选择能够产生视觉识别效果的色彩作为基调色彩，如文艺街道选择历史感较浓的色彩等。

4. 编制色彩规划方案

色彩规划方案是实现色彩景观设计的关键，主要包括以下几方面。

建筑色彩规划。根据建筑属性和色彩定位选择建筑外立面色彩，包括墙面色彩、装饰线色彩、窗框色彩等，体现建筑特征与街道色彩基调，实现新老建筑色彩的协调统一。

地面色彩规划。综合考虑地面功能、材质特征和色彩定位，选择适宜的地面色彩，并在空间上构成连续流畅的色彩变化，达到导视和连贯的效果，如人行道采用与建筑色彩相协调的色彩，车行道采用颜色较深且少变化的色彩。

照明色彩规划。根据夜间环境色彩和色彩定位选择照明设备的色温和亮度，并在空间上进行色温和亮度的变化，营造舒适连续的夜景色彩效果。

植被色彩规划。选择与街道色彩定位相协调的植物种类，通过植被的选择、搭配和配置达到丰富街道色彩的效果。在不同季节呈现不同的色彩变化，营造自然而清新的色彩景观。

导视系统设计。在街道入口、出口和道路交叉处，采用色块、色彩照明等手法设计色彩导视系统，引导人们的行进方向和速度，提高环境的可识别性。

家具与元素色彩。根据色彩定位选择与街道色彩和谐的街道家具、座椅、路灯、垃圾桶等元素色彩，强化环境色彩的连续统一。

5. 设计导视系统

导视系统设计是帮助人们识别空间属性和行进方向的重要手段。常采用的导视系统如下。

色彩导视系统。在关键节点如街道入口、出口、转角处采用色块或色彩照明进行提示，引导人们的行进方向。色块可选择与街道色彩基调相协调的色彩，色彩照明则可通过色彩变化来强化视觉效果。

标识导视系统。在关键节点设置具有代表性的标识进行空间提示和行进指引，如设置地区名称标识、功能区域名称标识等。标识色彩应与街道色彩基调相协调。

景观导视系统。采用景观要素产生视觉突破，在关键节点形成视觉上的中断和变化，从而引起人们的注意并产生导视效果，如在转角处种植较高的乔木、在街道入口设置景观雕塑等。

照明导视系统。采用照明手段如浓淡变化的照明、射灯等在关键节点形成光的聚焦与突破，产生夜间导视效果。照明色彩应与街道基调色彩和夜景色彩相协调。

导视系统有效地采用色彩、标识、景观和照明等手段在关键节点形成视觉上的变化和突破，产生空间属性和行进方向的提示，引导人们的行为认知，提高环境的可识别性。

设计导视系统需要考虑如下几点。

节点选择。选择街道的关键节点如入口、出口、转角、景观节点等设置导视系统。

手法选择。根据节点位置和视觉效果选择色彩、标识、景观和照明等手法进行设计。

色彩选择。导视系统采用的色彩应与街道色彩基调和环境色彩协调统一。

适度变化。导视系统应在空间上产生适度的视觉变化，避免过于频繁或单一，从而减弱其效果。

功能导向。导视系统的设计应考虑到其对人们行为和空间认知的引导作用。

规划连续。导视系统的设置应与街道色彩规划方案相协调，在整体上产生连续秩序的效果。

6. 选择街道家具和元素色彩

适宜的街道家具和元素色彩的选择应根据整体色彩规划方案进行，以体现街道的色彩定位和基调。主要应考虑以下几点。

与周边建筑色彩和环境色彩应协调一致，产生连续的视觉效果。

颜色过于鲜艳的家具与元素易产生视觉干扰和无序感，应尽量避免，色彩应素雅大方而不奢华。

考虑公众的审美习惯与认知，选择常见和易识别的色彩，给人以亲切感，但过于守旧也缺乏时代感，应适当更新。

色彩的选择应强化其功能属性，如垃圾桶色彩应醒目易识，座椅色彩应和谐舒适。

不同家具和元素在空间上的色彩变化也应连续且有秩序，实现视觉的和谐统一，这需要设计者对色彩的构成与序列有较深入的考虑。

7. 巩固和维护街道色彩

巩固和维护街道色彩是确保色彩景观品质的关键环节。主要包括以下几点。

色彩监督。定期对街道色彩环境进行检查，对损坏和不协调的色彩进行记录，及时提出修复和更新方案，确保色彩秩序的连续统一。

色彩管理。制定科学的色彩环境管理机制，对街道色彩变更行为进行监管和指导。更改色彩应征得相关部门的同意，以保证色彩环境的整体连贯性。

色彩更新。随着时间的推移，部分色彩会产生褪色和脱落现象，同时部分色彩也会因时代变迁而显得过时，需要定期对街道色彩进行更新，选择与原色彩方案相协调的新色彩进行替换，达到新老色彩的有机统一。

色彩维修。对街道色彩破损和损坏进行及时修复，恢复色彩的完整性与连续性。修复色彩应选择与原色彩相符的色卡，避免产生色差，影响视觉效果。

兼顾硬件设施。街道色彩景观的品质还受到诸如地面材质、家具设施、绿化配置等硬件的影响。这需要相关部门对街道基础设施进行持续维护与更新，与色彩景观形成有机的完善空间。

城市建筑色彩的设计原则与设计要点

城市建筑色彩的设计应遵循天人合一、历史延续、功能区分和色彩和谐四原则，以及把握视觉平衡、比例尺度和功能导向三要点。原则在于通过色彩弘扬传统文化理念，协调城市色彩功能分区，并产生美的色彩组合，实现建筑色彩与城市色彩环境的和谐统一；要点在于通过色彩造成视觉冲突和比例失调，明确不同功能建筑的色彩主题。

1. 城市建筑色彩的设计原则

城市建筑色彩的设计原则体现为"天人合一"、历史延续、功能区分和色彩和谐。这需要设计师具备对建筑所在环境的深入理解，准确把握建筑的历史特征与空间属性，熟练运用色彩构成的原理，使城市建筑色彩达到科学、历史、识别与美的完美统一。

体现"天人合一"原则要求色彩设计融入地域文化特色，契合人们的审美情趣，如选用当地特有的色彩要素、符合异域风情的色彩等；延续历史文脉原则要求色彩设计体现建筑所属历史时期的特征，如近代建筑选用理性简洁色彩，古典建筑选用华贵色彩等；服从城市功能区分原则要求不同功能建筑色彩形成明显区分，如商业建筑色彩活泼、办公建筑色彩简洁，以辅助人们对空间属性的识别与记忆；色彩构成和谐原则要求色彩设计达到平衡统一、秩序井然与节奏分明的效果，色彩间产生协调变化与流畅衔接，使人感到美与舒适。

在上述四个原则指导下，城市建筑色彩设计应体现出地域特征、历史精神、功能属性与审美情趣的统一。设计师需要准确理解建筑所在场所的自然条件、历史沿袭与城市布局，运用色彩构成的原理制定科学的色彩方案，使建筑色彩达到环境协调、历史延续、功能对应与视觉享受的效果。

2. 城市建筑色彩的设计要点

城市建筑色彩的设计要点在于视觉平衡、比例尺度与功能导向，以实现科学、审美与识别的色彩效果。这需要设计师运用专业知识与审美眼光，准确理解建筑本质，熟练掌握色彩手法，使建筑色彩与城市环境相协调，色彩构成科学合理，色彩语言与建筑功能相映衬。

视觉平衡要求建筑本体色彩、门窗色彩与周边环境色彩和谐统一，避免过度对比或鲜艳，以免产生视觉刺激或混乱；比例尺度要求高层色彩与低层色彩、表面色彩与细部色彩协调变化，色彩强弱和尺寸大小得当，使人感到舒适自然；功能导向要求根据建筑类型选择符合属性的色彩语言，如商业建筑选活泼色彩、文化建筑选雅致色彩，以产生识别的视觉效果。

在遵循这三个要点的基础上，城市建筑色彩设计应实现色彩与环境和谐统一、色彩结构的科学合理与色彩语言的功能对应。设计师需要准确理解建筑的空间属性、文化内涵与周边环境，熟练运用色彩的视觉原理，通过色彩的变化创造出和谐舒适与特征鲜明的建筑色彩，达到环境协调、功能导向与艺术感染的效果。

城市色彩污染蔓延的防治与处理方法

要全面有效地防治城市色彩污染，需要政府主管部门、专业设计人员和公众通力合作，共同提高对科学和连续有序的色彩环境的认识。完善色彩管理机制、限制各色彩要素的过度使用、及时更新不协调色彩等综合措施，可以最大限度地预防和减少城市色彩污染，创造出舒适和美观的色彩环境空间。

1. 城市色彩污染蔓延的防治

防治城市色彩污染需要从色彩规划与管理、建筑色彩选择、户外广告色彩控制、地面色彩选择与夜景色彩维护五个方面入手。

加强城市色彩规划与管理。制定科学的城市色彩规划方案，确定各色彩区域的基调、要素与协调规则，指导建筑色彩的设计与选用，防止随意使用颜色造成视觉混乱。同时，建立健全色彩监测与管理机制，定期检查色彩环境，及时纠正不符合规划的色彩应用。

选择适宜的建筑色彩。建筑色彩设计应选择与城市色彩环境相协调的颜色，在总体色彩关系协调的前提下，体现建筑自身的历史特征与功能属性。应避免使用过度鲜艳、紧张或毫无变化的色彩，以免造成视觉刺激或单调乏味的效果。

控制户外广告色彩。户外广告色彩应与城市色彩环境相协调，避免选用过度鲜艳或反差过大的色彩。应限制户外广告的色彩数量，防止同一区域过多彩色广告的随意堆砌，维护城市视觉环境的整洁与舒适。

选择适宜的地面色彩。地面色彩应保持连续统一，色彩关系协调变化平稳。应选择与周边建筑色彩和环境色彩相协调的色彩，同时考虑到地面色彩的功能与交通安全性。

维护和谐的夜景色彩。夜景色彩应实现建筑色彩、地面色彩与照明色彩的协调，照明装置的选择应考虑城市夜景的整体色彩效果，控制大面积单一色彩的照明，适当选择色温、色调相近的多种颜色，营造色彩和谐统一的夜景氛围。

2. 城市色彩污染蔓延的处理方法

处理城市色彩污染需要从规划修订、建筑色彩改造、户外广告整顿、地面色彩统一和夜景色彩完善等方面入手。

修订城市色彩规划方案。对现有的城市色彩规划方案进行修订，明确各色彩区域的基调、要素与协调规则，更新不合时宜的色彩定位与要求，为下一步的色彩改造提供依据。修订工作需要对城市现状色彩环境进行系统性的调研与评估，理解规划方案的不足，提出合理可行的修订意见。

改造不协调的建筑色彩。对现有建筑物使用的色彩进行检验，如果与城市色彩环境格格不入，应及时进行改造。改造色彩设计应考虑建筑的历史文化底蕴与功能属性，选择与周边环境色彩相协调的色彩方案。对历史建筑色彩进行改造需慎之又慎，并征得相关部门的同意。

控制和整顿户外广告色彩。对现有户外广告的色彩关系和数量进行检查，移除色彩扰乱和数量过多的广告，限制同一区域内过度密集和色彩混乱的广告展示，选择与周边环境相协调的色彩方案进行整改。

统一和改造地面色彩。对城市道路和公共空间地面的色彩进行检查，选择色彩关系协调、符合区域属性的地面色彩进行统一改造。地面色彩改造应考虑其功能性、交通安全性和连续性。

完善城市照明色彩。对城市夜间照明装置和色彩进行检验，选择色温和色调相近的照明源，按功能区域变化照明色彩，营造色彩连续统一的城市夜景，最大限度减少光污染。

第三部分
企业环境规划与管理

第七章　企业选址布局规划

企业选址布局规划要求政府、规划设计与企业管理部门通力合作，运用科学技术手段，在政策和管理上进行有效指导，综合权衡经济效益、环境效益和社会效益，实现产业发展与城市协调、与自然环境的可持续兼容。这样既能够促进地方经济发展，又能够达到节约集约和生态文明的要求，实现人与自然的和谐共生。

企业选址应注意的因素

企业选址布局规划是一项综合性的工作，需要考虑地方产业政策、市场因素、交通运输、用地条件、环境影响、基础设施、人才条件、周边配套、开发成本与发展潜力等多方面因素，实现企业与城市的协调发展。这需要相关部门通力配合，运用系统的方法进行评估和研究。

1. 地方产业政策导向

地方产业政策导向是企业选址需要考虑的第一要素，也是最重要的要素。企业选址时，需要考虑所在地区的产业政策导向和定位，以确保企业发展战略与地方产业发展规划相契合。要分析地方政府产业发展的重点战略，如是否重视高新技术产业、文化创意产业等，企业所属行业是否在政府重点扶持范围内。要关注地方产业发展规划空间布局，如重点发展园区、高新区等，以确保企业能进入这些优惠的产业空间。

2. 市场因素

要评估选址地区目标客户群体的规模，市场潜在需求是否足以支撑企业的生存和发展。判断选址地区目标市场的增长势头，选择能带来持续增长动力的地区。分析选址地区内相关行业的竞争情况，市场集中度是否过高，进入壁垒是否过大，自身竞争优势是否足以在这一市场立足。判断选址地区目标客户群体的特征，如收入水平、消费习性、生活方式等，以确保企业产品或服务能满足当地主流消费者的需求。

3. 交通运输

道路交通条件、铁路或水运交通便捷，空港运输便利，发达的城市交通，低成本的运输与物流，是交通运输要素作用下企业选址的主要考虑因素。要选择物流体系比较完善，物流配送成本较低的地区，方便企业采购原料和进行产品配送。

4. 土地资源和成本

土地资源充足、地形地貌适宜、土壤承载力高、用地限制少、周边无不利影响因素、用地成本低廉和获取方式灵活是用地条件方面企业选址的主要考虑要素。土地成本低、基础设施费用少、手续简便、污染治理成本低、运营成本较低、税收负担轻和融资条件较优是开发成本方面企业选址的主要考虑因素。较低的开发成本和融资成本能够减轻企业的资金压力，提高企业的经济效益，是企业选址的重要依据。

5. 周边的自然环境、基础设施和配套

周边自然环境容量大、污染治理条件好、天气状况适宜、资源获取便利、生态环境良好、城市设施比较完备和社会秩序稳定是环境因素方面企业选址的主要考虑因素。良好的自然环境有利于企业的正常运转和长期发展。交通设施发达、公用设施完备、环保设施齐全、配套服务完善、信息

基础发达、基础设施费用低廉和基础设施配合度高是基础设施条件方面企业选址的主要考虑因素。先进的基础设施有利于企业生产经营，提高效率和产品质量。产业集聚度高、供应商与销售市场密集、配套服务完善、产学研联动紧密、交通运输便捷和资源环境优越是周边配套条件方面企业选址的主要考虑因素。良好的周边配套环境有利于企业与周边各类机构和组织的互动与协作，以保障企业生产经营所需各类要素的获取。

6. 人才资源

高等教育资源丰富、人才数量充足、人才流动性大、人才素质高、人才生活成本适宜、人才政策优惠和人才培训条件完备是人才因素方面企业选址的主要考虑因素。丰富的人才资源能够满足企业发展的人才需求，有利于企业获得和培养各类优秀人才，是企业选址的重要依据之一。

7. 发展潜力

城市发展规划完善、新区开发潜力大、城市经济增长势头强、消费潜力显著、投资环境较优、产业转型升级空间大和城乡一体化程度高是城市及区域发展潜力方面企业选址的主要考虑因素。良好的发展潜力，有利于企业的长期发展和效益的持续提高。

企业选址常用的方法

企业选址，方法很重要。以下方法各有优势，设计者可以根据选址研究的具体情况，选择一种或几种方法进行分析，提出科学的选址评估方案和最优选址建议，为企业选址决策提供理论支持。

1. 比较分析法

通过比较不同选址地点在产业基础、交通条件、环境因素、土地利用、开发成本等方面的优势和劣势，进行定性和定量分析，选择最优选址地点。

2. 指数评价法

根据选址影响因素构建评价指标体系，对每个选址地点进行打分，计算综合评价指数，选择指数最高的选址地点。

3. 规划叠加法

在城市总体规划和土地利用规划图上，叠加比较各个选址地点的规划用途与限制，筛选符合产业定位和土地利用规划的选址地点。

4. 区位因子分析法

根据影响企业选址的各区位因子，如交通、原料、市场、环境等构建评价模型，计算各个选址地点的区位指数，选择区位条件最优的选址地点。

5. 系统动力学模型

建立企业选址的系统动力学模型，通过模拟各选址地点在不同发展阶段的演变过程，预测其长期发展潜力和影响，选择长期发展条件最佳的选址地点。

6. 空间结构分析法

分析研究区域内部的空间结构与联系，识别各种空间要素的相互作用关系，评估不同选址地点与空间结构的协调性，选择空间结构条件最优的选址地点。

7. 模拟仿真法

运用 GIS 和数字模型技术，建立选址环境的三维虚拟场景，设置不同选址方案进行模拟演练，评估各方案的效果，选择模拟效果最佳的选址方案。

8. 模糊综合评判法

运用模糊数学理论，构建选址评判指标体系，通过专家评判赋予各指标权重，计算各选址地点的模糊综合评判值，确定最佳选址地点。

厂区布局规划的原则和方法

厂区布局规划要紧密结合产业发展规划、用地规划和城市总体规划，实现工业发展与所在地协调。为此，既需要政府主管部门在管理和技术上给予有效指导，达到节约集约与环境优化的目标，也需要设计者对企业工艺特点与空间要素进行深入分析与理解，运用系统的方法进行布局规划与设计。

1. 厂区布局规划的原则

企业厂区布局规划应该考虑到生产加工流程、空间合理利用、安全防灾、职工生活便利等原则。要根据企业特点和布局原则进行方案比选，确定最佳布局方案。

生产加工流程合理原则。布局应遵循企业的生产工艺流程，各生产设备、车间按照工艺流程的先后顺序进行合理布置，方便生产管理和资源节约。

空间合理利用原则。厂区布局要考虑各类设施和空间的面积比例与布置，实现土地的高效利用，不浪费空间资源。

安全防灾原则。布局应考虑防火防爆、应急疏散的需要，不同危险源与要素之间采取隔离措施，并预留应急通道，以提高企业安全生产的保障。

环境协调原则。布局应考虑对周边环境的影响，采取有效措施减少噪声、废气、废水等污染物排放，与周边环境协调发展。

职工生活便利原则。布局应考虑企业职工的工作生活需要，设立必要的生活设施与服务区，方便职工生活。

美观大方原则。厂区布局要追求合理的空间比例与布置，营造出优美且有序的景观环境。

2.厂区布局规划的方法

以下方法各有特点，设计者可以根据研究目的和企业实际情况选择适宜的方法进行厂区布局研究，并结合原则提出科学的布局方案。

区位结构模型。根据区位理论构建厂区布局结构模型，确定各功能区的区域位置和相互关系。

系统动力学模型。建立厂区布局的系统动力学模型，模拟各布局方案在不同发展阶段的演变过程，预测长期效果。

模拟仿真。运用数字模型技术建立厂区环境的三维虚拟场景，设置不同布局方案进行模拟，评估效果。

最优化模型。构建厂区布局的优化模型，运用操作系统进行优化计算，得到最优布局方案。

关系图法。通过确定厂区各类型设施之间的空间关系图，分析其联系与作用，确定布局结构框架。

综合评判。构建厂区布局评判指标体系，通过专家评判对各方案进行打分与权重赋值，计算最优布局方案。

从行政角度管理企业选址布局

加强行政管理是指导企业选址布局规划的重要手段。需要政府相关部门建立健全管理制度和政策体系，开展技术培训与指导，选择最佳方案与完善配套，加强监管与沟通，促进企业选址科学化与规范化。

1.制定政策

制定产业发展与土地利用规划政策，对企业选址和用地要求进行宏观调控与指导，如制定产业结构调整政策、产业园区建设规划、土地利用总体规划等，对企业选址和用地提供政策环境支持。

2. 建立制度

建立健全企业选址审批制度，对企业选址申请进行审查与指导。要根据产业政策与土地利用规划，对企业选址申请的合理性与协调性进行评估，达到集约和环境友好的目标。

3. 加强监管

加强企业选址与用地监管，制定具体管理办法与监督制度。对企业违规选址和用地行为及时管制，确保产业发展与城市规划的协调一致。

4. 完善设施

完善相应配套设施，为企业选址与生产经营提供基础保障。要合理规划道路交通、供水供电、环保治污等基础设施，满足企业正常生产要求。

5. 论证评估

加强选址布局方案的论证评估。要从政策、技术、环境、经济等角度对不同选址布局方案进行评估，选择最优选址方案。

6. 沟通指导

加强与企业的沟通与指导，促进企业科学选址。政府主管部门应积极与企业进行交流、互动，帮助企业全面考虑选址因素，制定科学的选址定位和布局方案。

7. 技术培训

开展选址布局规划技术培训，提高规划水平。对政府规划人员和企业管理人员进行选址布局规划方面的专业培训，传授分析方法与技术，提高工作水平。

第八章 企业园区规划与设计

企业园区规划与设计是一项系统工程，需要在理念、技术、管理等各个方面进行精心部署。只有在科学管理的理念指导下，运用系统的设计手法，并建立高效的管理机制，才能形成具有产业发展潜力、投资环境优越、基础设施完善、景观宜人的企业园区，为产业发展和企业选址提供综合服务。

企业园区规划布局四项基本原则

企业园区规划布局，要根据产业特点与企业运营需求确定规划理念，运用系统的设计手法构建功能互补、交通便捷、资源高效利用的空间结构。要遵循工艺导向、功能合理、距离最短以及可持续发展的原则，能够从生产要素、空间形态和环境友好等方面为企业创造良好布局环境，实现更高产出和更低投入，这是企业园区规划中不可忽视的基本要求。

1. 服从工艺流程走向原则

服从工艺流程走向原则，是指企业园区的空间布局要根据主导产业的生产工艺流程与技术要求进行设计。

要根据主导产业的生产工艺，合理确定各功能区的相对位置。例如，工业生产区应最接近原材料入口及产品出口，办公区应与工业区相邻等。

这能最大限度保证生产要素与信息的高效流转，降低企业内部运营成本。

要根据主导产业的技术特点，确定道路、管廊等的走向及规模。例如：需要频繁运输大型设备的产业，要保证通道宽敞直达；需要管道输送原料的产业，要预留管廊走向；等等。这既能满足企业生产的技术要求，又可以保障正常的生产经营活动。

要考虑未来产业升级转型的需求，在园区内留出一定的空间储备，用于新产品研发、新工艺试点示范等。这能为企业的技术革新与产业转型升级提供场地支持。

要将相近工艺的企业布局集中，形成产业集群。这能促进企业间的交流合作，实现工艺、技术的共享与协同创新，从而带动产业集群的发展壮大。

要根据企业生产工艺的特点和遵循绿色低碳的原则进行设计。例如，密闭生产工艺的选址要与居民区保持隔离，要预留必要的污水处理与废弃物处理设施用地等。这能最大限度减少生产活动对环境的影响，实现资源的可持续利用。

2. 功能区分系统分明原则

功能区分系统分明原则，是指在企业园区规划中，要根据不同企业的性质与功能，划分出相对独立的功能子区，实现各功能区的有序布局。

要根据企业的业态特点，划分出工业区、商业区和生活区等功能子区，如污染企业选址工业区、服务业选址商业区等。这能实现不同性质企业的空间隔离，避免功能混乱。

要根据企业生产经营的具体功能，细分出研发区、办公区、生产区、仓储区等功能子区。这能实现企业内部不同功能板块的有序布局，提高单位内部的工作效率。

要在各功能子区内，根据企业之间的关联度及生产流程联系再一次划分集群或街区，形成产业集群或商业街区等。这能促进企业间的交流合作，发挥集群效应。

要制定各功能子区的控制性详细规划，明确主导产业方向、建筑利用率、环境容量等控制标准。这能指导各功能子区的开发建设，确保空间秩序和容量匹配。

要在功能子区之间设置适当的缓冲过渡空间，避免不同功能区直接接壤，如在生活区和工业区之间设置绿地空间等。这能减少不同功能子区之间的干扰，实现更加协调的空间展开。

要合理布置各类基础设施和公共服务设施，为每个功能子区提供配套服务。这能满足各功能子区内企业和居民的基本需求。

3. 遵循距离最短原则

遵循距离最短原则，是指企业园区规划要考虑企业内部各功能区和不同企业之间的联系频度，将有高频联系的功能或企业布局于最短距离，以降低运营成本。

在企业内部，要将生产区、办公区、研发区等高频联系的功能区布局于毗邻空间。这能保证工作流程的顺畅，降低企业内部管理成本，如生产车间邻近原料仓库等。

要根据企业主导产业的产业链，将上下游企业布局于相近的空间，方便资源要素流转，如汽车企业布局于零部件企业附近等。这能缩短上下游企业之间的物流距离，提高资源配置效率。

要根据企业的合作网络，将频繁合作的企业布局至相近空间。这能促进企业之间的信息交流，实施联合研发创新等合作行为，发挥集群效应。

要根据企业与重点服务设施之间的联系频度，设置公共服务区或将服务设施布局至企业群周边，如研发型企业群周边布局科技交流中心等。这能满足企业的基本服务需求，实现公共资源的高效利用。

要设置便捷的交通网络系统，消除因空间距离带来的阻隔。要设置路网、管廊等联系各企业区和功能区。这能实现工作场所、生活场所与公共服务设施之间的快速连接，降低企业运营成本。

采用高新技术手段，实现虚拟空间的连接。例如，企业之间采用视频会议等手段进行交流，利用大数据等实现企业与重点服务设施之间的信息互联等。这也能在一定程度上缩短企业之间的距离感，提高工作效率。

4.可持续发展原则

遵循可持续发展原则，是指企业园区规划要在环境容量范围内，采用节约资源和环境友好的设计方案，最大限度地利用现有资源，减少开发活动对环境的影响，实现资源的连续性利用和环境的可持续发展。

要选择环境承载力强、资源利用率高的用地进行开发，避免选址生态脆弱地区。这能减小开发活动对周边环境的影响。

要采用高密度、混合使用的空间布局模式。合理控制建筑总体量，避免过度消耗土地资源；并混合布局居住、商业、生产等多功能，实现土地资源的综合利用。这能减少城市蔓延，节约土地资源。

要采用新技术和新材料，构建资源节约和环境友好的建筑，如可再生能源利用、绿色建材应用、雨水收集利用系统等。这能最大限度减少建筑环境对资源的消耗。

要强化污染防治与废弃物处理，最大限度减少企业生产活动对周边环境的污染。这能保护环境质量，实现环境可持续发展。

要在企业园区内设置生态防护系统与生态修复空间，如绿地带、湿地公园等。这能改善企业园区的生态环境，增强环境的抵抗力。

要采用互联网手段，实现公共资源的共享。例如，共享交通工具，实现交通资源的优化配置等。这能推动资源的高效利用，实现可持续发展。

企业园区设计要点和思维技巧

企业园区设计要有系统思维，选择适宜的空间布局模式，构建产业链与公共服务设施，建立由多方共同参与的管理机制。这需要运用产业链布局技巧、网络规划技巧和空间规划技巧等，并采取配套措施，才能实现企业园区的高效运转和可持续发展。这些都是企业园区设计中的关键要点和思维技巧。

1.企业园区设计要点

企业园区设计要重点考虑产业链布局、网络系统、公共服务设施等要素；运用系统思维、空间规划技巧和管理机制构建技巧进行设计，这些都是企业园区设计中的关键点。

产业链布局要点。根据主导产业的上下游关系，选择相关配套企业布局于园区，形成完整的产业链。这既能实现产业要素高效流转，又可以带动产业集群发展。

道路网络规划要点。根据产业工艺流程和企业运营特点，合理布置企业园区道路。设置干道、支路，以实现快速联外和企业内部流畅运转，预留管廊满足生产需求。

公共服务设施配置要点。根据不同企业和从业人员的需求，配置研发设施、商务设施、生活设施等。要实现功能布局的合理性、效率性和共享性。研发设施有孵化基地、创新工作室等；商务设施有商场、酒店等；生活设施有食堂、医院等。

2. 企业园区设计思维技巧

企业园区设计要运用系统思维确定园区定位，选择适宜的空间模式进行布局，构建公共空间丰富环境，建立多元化管理机制实现有效管理。这些都是企业园区设计中的关键技巧。

系统思维技巧。要与区域发展战略和产业发展导向相结合，避免只考虑企业园区。要在总体战略中明确企业园区的定位和功能，实现与周边区域的协同发展，如与城市发展总体规划相衔接、与产业发展规划相融合等。

空间规划技巧。要根据产业特征选择行业园或综合园的空间模式。行业园侧重单一产业，综合园兼顾多种产业。要合理控制建筑容积率，采用集约与节约的用地模式。集约用地模式，是指采用较高的容积率，实现单位土地上更高的建筑利用度。这需要采用高层建筑、立体交通系统解决交通问题等手法。节约用地模式，是指最少采用农田和生态地块，优先开发低效用地。这需要合理布局和控制道路规模，采用新技术节约基础设施用地等。要设置公共空间和生态空间，丰富空间层次。公共空间主要包括广场、绿地等开放空间。生态空间主要包括湿地、生物净化等人工生态空间。这两种空间类型能丰富园区空间层次，提高环境质量。

管理机制构建技巧。要建立由政府、专业机构、企业共同参与的管理机制。政府要负责审批企业入区资质与监督运营规范。专业机构如产业园区管委会要具体负责企业孵化、技术支持与服务等。企业要主动配合管理机制，并作为管理机制调整的重要参考依据。这种多方参与的管理模式能提高管理的权威性与灵活性，实现企业园区的有序运转。

高新技术产业园区的景观设计要点

高新技术产业园区受所在城市本地特色、园区定位、居住工作者、不同功能空间的影响，景观设计有别于城市的一般区域，在设计中应注意因地制宜，注重在布局结构、绿地系统、交通环境、公共空间等方面提高园区景观水平，提升园区整体形象。

1. 因地制宜保护生态设计要点

高新技术产业园区的设计要立足本地区优势产业和资源基础，因地制宜选择适宜的产业和用地，并采取生态保护措施，减少对环境的影响。

高新技术产业园区的选址和设计要根据当地产业基础、资源禀赋等因素定制，实现本地区产业和园区的协同发展。

要选择本地区具有优势和发展潜力的高新技术行业作为主导产业，发展产业集群，带动区域经济增长。例如，选择本地区优势专业和人才培训基地相结合的高新技术产业。

要利用当地的科研资源，如高校、科研院所等，与产业园区实现深度融合。这能支撑高新技术企业的技术创新，提高产业核心竞争力。

要根据本地区资源禀赋设计园区用地结构和功能布局。例如，资源禀赋适宜开发的用地要优先考虑，避免选址生态敏感和资源稀缺地区等。这能减少园区建设和运行对本地区环境的影响。

高新技术产业园区在追求高科技和产业发展的同时，更需要重视资源和环境因素，采取措施减少生态环境影响，实现可持续发展。

要选择环境敏感程度低而承载力高的用地，控制园区规模，避免超载，影响生态环境。

要采用生态规划理念，在园区内设置生物群落、湿地公园等生态空间，提高整体环境质量。

要使用新技术和新材料，实现建筑节能环保，加强再生资源的利用，促进资源节约和环境保护。

要建立环境管理机制，加强污染防治和生态修复，减少高新技术产业发展对环境安全的影响。

2. 布局结构设计要点

高新技术产业园区景观设计要选择与空间载体、企业属性相适应的景观要素进行布局。要兼顾功能与环境、节约与人性化，并运用新技术手段加强管理。

根据园区空间格局、企业分布和道路系统，选择与空间载体相适应的景观系统进行布局，如大型开放空间选择广场景观、道路两侧选择林带景观等。这可以丰富空间层次，优化视觉环境。

要根据企业特征和外部形象要求，选择与企业文化、产业属性相符的景观要素，如创意文化企业群配套艺术景观、生物医药企业配套生态景观等。这可以展现园区和企业的文化内涵，塑造品牌环境。

要根据园区功能子区的不同定位，选择不同的景观风格进行布局，如行政管理区可选择格式化和规则的景观、休闲区选择自然和生态的景观。这可以凸显各功能子区的特质，丰富视觉体验。

要采用节约和环保的景观要素进行布局。控制高耗水种植作物的比例，选择低维护的材料与设施等。这可以减少景观建设和维护对环境的影响，符合可持续发展理念。

要根据人的行为习惯与心理需求，选择人性化的景观要素和空间结构进行布局，如在重要交会点设计明显的景观节点、在休息区设置亲水景观等。这可以提高人的景观舒适度，优化使用体验。

要采用数字化手段提高景观管理的科技化水平，如智能灌溉系统、环境监测预警系统等。这可以精细化管理景观要素，提高管理效率。

3.园区绿地系统设计要点

高新技术产业园区景观设计要构建网络化的园区廊道系统，选择与空间载体、功能属性相适应的廊道形态与要素进行布局。

要根据园区空间结构和道路系统，选择与之相适应的廊道形态进行布局，如在道路两侧布局林荫道、在水系两侧布局河道湿地廊道等。这可以丰富空间层次，构建立体的景观网络。

要根据不同功能子区的性质与要求，选择不同类型的廊道空间进行布局，如行政区可选择亲和且庄重的廊道、休闲区选择自然和生态的廊道等。这可以体现各功能子区的文化属性，提高空间识别度。

要选择节约和环保的廊道要素进行布局，如控制高耗水植物比例、采用本地植物等。这可以减少廊道空间的环境影响，提高其可持续性。

要采用数字化技术，构建智慧化的廊道管理系统，如环境监测与智能调控系统、防灾救援数字导航系统等。这可以精细化管理廊道环境，提高管理效率与人的使用舒适度。

要设置"以人为本"的廊道空间，满足人的生理与心理需求，如步行者休憩区、亲水廊道等。这可以提高人与景观的互动性，优化使用体验。

要构建连续和开放的廊道系统，实现不同功能子区和景观节点之间的连通。这可以方便人的流动，优化园区交通网络，提高空间的连贯性。

4.道路交通环境设计要点

道路交通环境设计要考虑环境与人性化，并采用新技术、新材料提高可持续性，构建优美的道路交通环境。

要根据道路功能和交通流量，选择与之相匹配的景观模式布局道路空间，如主干道路采用林荫大道景观、支路选择花园道景观等。这可以丰富道路视觉环境，提高交通舒适度。

要选择道路两侧空间宽度较大、植被选择率高的乔木和灌木进行布局。这可以形成连续的景观立体屏障，减少噪声和粉尘影响。

要在交叉路口、人行横道等易产生交通事故的地段，采用明显的景观节点，以提高识别度。这可以引导人的注意力，提高交通安全性。

要在行车较慢的路段，如弯道处设置观景平台，方便行人停留观景。这可以丰富人的体验，优化交通环境。

要选择对植物透水性好的道路硬质材料，设置雨水回收利用系统。这可以增加地面蒸发量，调节道路微气候，减少水资源消耗。

要选择耐污染的植物布置在易积灰的道路两侧。这可以减少景观维护维修量，降低成本，提高可持续性。

要设置人性化的交通设施，如人行道设计要考虑残障人士通行安全、公交站点要设置雨棚与座椅等。这可以方便不同人群的出行，提高交通环境的包容性。

5. 公共空间环境设计要点

公共空间环境设计要定制化，选择与空间功能、人的需求相适应的景观要素进行布局。要兼顾环境、人性化与科技，设置灵活的空间结构，构建连续的空间网络。

要根据公共空间的功能定位和人的行为特征，选择与之相匹配的空间形态和景观风格进行设计，如广场采用开放和参与性强的设计、步行街选择商业化的设计等。这可以满足不同人群的需求，提高空间的吸引力和利用率。

要采用生态材料与新技术，设置环保和低碳的景观要素。例如，选择低维护植物，设置雨水收集系统和太阳能设施等。这可以减少资源消耗，降低维护难度，提高景观的可持续性。

要根据不同人群的身体条件和使用需求，设置无障碍和人性化的公共设施，如斜坡道、无障碍洗手间、母婴室等。这可以方便不同人群使用公共空间，体现人本精神。

要在公共空间设置信息提示系统和交通标识标牌。要设置明确的出入口，方便人的定向，避免迷失。要设置安保设施，确保人的安全。这可以方便人的交通定向，提高使用安全性。

要设置灵活多变的空间景观，方便未来的更新和再利用，如活动广场可通过移动花坛改变空间形态。这可以延长公共空间的生命周期，降低更新改造成本，提高经济效益。

6. 建筑空间形态设计要点

建筑空间形态设计要根据建筑功能与企业文化选择建筑风格，匹配相应比例的景观要素。要采用生态材料与高新技术，设置开放连续的空间结构，并运用智能化的建筑设施进行管理。

要根据建筑功能与企业文化，选择能够体现其内涵的建筑风格进行设计，如高科技企业可以选择现代简约风格、创意企业可以选择非规则和未来派的风格。这可以展现企业办公区域的文化氛围，塑造品牌形象。

要根据建筑的体量高度，选择相应尺度的景观要素进行搭配，如高层建筑可以选择大型乔木和高大的垂直绿化、低层建筑可以选择灌木和花卉等小型植物。这可以形成相协调的空间比例，优化视觉环境。

要采用生态和高新技术材料，构建节能环保的建筑空间，如选择可再生能源的照明系统、新型的隔热材料、生物相容的装修材料等。这可以降低维护成本，减少环境影响，提高可持续性。

要根据建筑入口的设计，选择相应的景观手法进行搭配设计。例如，主入口要采用显著的景观节点设计，可以在入口进行一定规模的景观指示设计。

要设置开放和连续的建筑空间，方便人的交往与活动，如在建筑内部设置中庭广场、步行廊道等公共空间。这可以优化建筑内部的空间网络，方便人的交流与沟通。

要设置机械化的建筑设施，如自动调温系统、智能化的照明装置等。这可以根据环境变化精细化调控建筑空间，提高使用舒适度与管理效率。

7. 色彩系统设计要点

高新技术产业园区景观设计要根据功能定位和建筑风格选择定制化色彩方案。要运用数字技术与科学理论研发色彩方案，考虑人的需求与环境影响，采用生态材料并通过色彩变化丰富空间。

要根据不同功能子区的属性，选择能体现其文化内涵的色彩进行设计，如科技创新区可以选择高科技感的色彩、商业区可以选择明亮鲜艳和富有活力的色彩。这可以体现不同功能子区的特征，提高识别度。

要根据建筑与景观的设计风格，选择协调一致的色彩方案，如现代风格建筑选择简洁大气的色彩、生态风格景观选择自然的色彩。这可以实现建筑与景观空间的和谐，优化整体环境氛围。

要采用数字化技术研发色彩方案，模拟不同光照条件下的色彩效果。要考虑色彩的褪色性与老化问题，选择耐候性色彩。这可以提高色彩设计的科学性，延长景观的使用寿命，降低维护难度。

要考虑不同人群的色彩偏好，选择与主流审美趣味相符的色彩。这可以提高景观的亲和力，吸引更多人使用与享受。

要采用节能环保和生态的色彩材料，如选择透水性强的地面色彩、选择低 VOC（挥化性有机化合物）的涂料等。这可以减少对环境的影响，提高景观设计的可持续性。

要通过色彩的变化丰富空间的层次，突出重要节点。不同色彩要实现平滑衔接，要避免强烈的色彩对比。这可以提高景观的美学效果，引导人的视线流动，营造舒适的色彩环境。

8. 环境小品设施设计要点

高新技术产业园区景观设计要考虑人性化、科技化与生态化，对小品设施进行系统性布局，构建系统和生态的景观环境，为人创造舒适和便捷的使用体验。

要根据不同空间的功能属性和人的行为特征，选择与之相适应的环境小品进行设计，如休闲空间可以设置户外设备、商业空间可以设置体现企业文化的景观艺术品等。这可以满足人多样的需求，丰富空间体验。

要考虑无障碍通行和不同人群的使用习惯，选择通用设计的环境小品。要设置说明标识和操作说明，方便所有人使用。这可以提高小品设施的包容性，方便更多人共享公共空间。

要选择高科技和智能化的环境小品进行设计，如太阳能照明、数字化喷泉等。这可以减少能源消耗，实现精细化管理，提高使用效率。

要选择节约环保和生态的材料进行环境小品设计，如使用再生材料，植被富含量高的种植基质等。这可以减少资源消耗，降低对环境的影响，符合可持续发展理念。

要对环境小品设置防护设施，确保人的安全使用，如对开放水域设置防坠手扶栏、对高大植物设置支撑架等。这可以预防潜在的安全隐患，保障人的生命安全。

要通过环境小品设施的布局丰富空间层次，强化景观节点。不同小品设施之间要实现平稳衔接，要避免出现尺度冲突等不和谐的现象。这需要加强小品设施在整体景观体系中的系统性考虑，构建和谐统一的空间环境。

管理者要做好企业园区规划设计管理工作

管理企业园区规划设计需要统筹考虑，促进产业集聚发展，创造有利的外部环境和条件，为入驻企业提供优质高效的服务和支持，促进企业快速发展。这就要求管理者具有广阔的视角和前瞻性思维。

1. 确定园区定位和发展方向

确定企业园区的定位和发展方向是管理者做好企业园区规划设计管理工作的基础，这主要体现在以下方面。

根据园区所在城市或区域的产业发展规划，确定园区的产业定位和发展方向。要选择与区域产业规划相协调的产业，避免同质化竞争，实现产业共赢。

根据园区自身的资源禀赋条件，如交通位置、土地资源、基础设施等，确定适宜的产业发展方向。要选择与园区条件相适应的产业，发挥区域比较优势，降低产业发展成本。

要考虑国家和地方政府的产业政策导向，选择与政策倾向相符的产业定位和发展规划，获得政府的支持与帮助，实现产业发展的政策协同。

要结合社会发展态势和消费趋势，选择前景广阔和市场潜力大的产业定位。要选择能带动区域发展的战略性新兴产业，推动产业结构优化升级，取得较高的经济效益。

要对不同产业在园区发展所需的土地、能源、环境等要素进行科学评估。要选择与园区环境承载力相匹配的产业，避免过度开发，实现产业与资源的协调发展，促进园的可持续发展。

要选择不同发展阶段的产业进行配套，构建产业链与产业集群，实现产业协同联动，丰富产业内涵，提高经济实力。

2. 做好总体规划

做好企业园区的总体规划是管理者园区规划设计管理工作的关键，这主要体现在以下方面。

要根据园区的产业定位和发展方向，制定相应的空间布局结构和发展蓝图。要划分不同的功能子区，明确各子区的发展内容和重点，实现园区空间的合理利用与战略布局。

要依托自然地理环境的条件，确定科学的交通网络和基础设施规划。要体现区域交通和地下管网的整体联通，为产业发展提供有力支持。

要根据园区总体发展目标，确定各项基础设施和公共服务设施的建设内容与规模。要实现基础设施与产业发展的同步协调，满足园区发展的多元化需求，为产业发展营造良好环境。

要考虑到园区发展的可持续性，制定相应的环境保护与绿色建设规划，如生态修复规划、低碳发展规划等，促进园区与生态环境的协调发展，实现资源高效利用与可再生。

要根据市场需求和产业发展动向，选择不同时期合适的开发方式，如先期开发、分期开发、整体开发等。要制定相应的投资策略和经营模式，最大限度发挥资金效益，降低产业发展的经济风险。

要对园区发展的长远影响进行评估分析，特别要加强对交通拥挤、环境污染等问题的防范。要制定相应的应对策略和预防措施。这需要从战略高度考虑园区发展的社会效应，建立科学的供给体系，实现产业园区与生态环境的和谐发展。

3. 加强基础设施建设

加强企业园区的基础设施建设是管理者做好园区规划设计管理工作的

重要一环，这主要体现在以下方面。

要依托园区选址的交通条件，完善联外交通网络。要建设相应的公路、铁路设施，实现与周边城市和重要交通枢纽的无障碍连接。这可以为产业物流与人员流动提供便利，促进区域一体化发展。

要建设与产业发展相适应的内部交通系统。要设置服务各功能子区的交通干线，要完善交通节点和交通设施，方便人的出行。这可以为园区内部的生产经营活动及人员流动提供支撑，优化产业空间组织。

要建设高标准的给排水、能源、信息等管线配套设施。要实现基础设施网络的全面覆盖，要考虑基础设施的超前部署与储备功能。这可以满足园区短期与长期的社会生活与生产需要，为产业稳定发展提供保障。

要建设环境保护设施，如污水处理厂、垃圾焚烧发电厂、监测站等。要加强噪声防治、大气治理、水资源循环利用等。这可以减少产业发展过程中的环境污染，提高生态环境质量，促进园区的低碳与可持续发展。

要建设高品质的公共服务设施，如教育、医疗、娱乐等设施。这可以为产业发展提供人才支持，提高园区的吸引力，实现人与产业的协同联动与共赢发展。

要采用新技术和新材料加快基础设施建设，要实现基础设施的智能化和绿色化。这可以降低能源消耗与环境影响，提高产业发展环境与服务质量，助推园区的科技创新与可持续发展。

4. 制定详细的设计方案

制定企业园区的详细设计方案是管理者做好园区规划设计管理工作的关键环节，这主要体现在以下方面。

要根据总体规划提出的空间布局结构和不同功能区划，编制相应的设计方案。要明确每个功能子区的详细定位和布局设计，具体落实总体规划的理念，实现不同空间的专属性设计。

要根据产业特点和企业文化，针对不同企业厂区提出定制化的景观设计方案。要选择与产业内涵、品牌形象相符的景观风格，展现企业园区的独特文化，优化区域形象识别。

要根据人的行为特征和需求，对公共服务空间提出人性化和包容性的设计方案。要实现空间的通达性，满足不同人的使用需求，提高公共空间的利用率与亲和力。

要根据建筑体量和功能，选取适当的景观要素和材料进行设计搭配，形成和谐的建筑与景观环境。这可以协调建筑与景观的视觉关系，优化整体空间环境。

要在详细设计环节考虑数字技术的应用，采用新材料与新技术方案。要选择智能和环保的设计理念与方案，降低资源消耗，提高景观的科技性与可持续性。

要将绿色生态理念贯穿设计全过程，形成与生态环境和谐共生的景观方案。要选择低影响且低维护的植物和材料，并设置生态修复设施，最大限度地维护区域生态平衡，改善微气候，打造生态宜居的园区环境。

5. 注重园区形象设计

注重企业园区的整体形象设计是管理者做好园区规划设计管理工作的重要环节，这主要体现在以下方面。

要根据园区的产业定位和企业文化，选择能够彰显其核心内涵的设计风格。要在重要入口采用独特的景观设计，形成具有高识别性的空间环境，展现园区的品牌文化，优化企业营销形象。

要根据主要道路的性质选择独特的景观主题进行轴线设计。要在沿线布置与主题相符的景观元素，形成连贯的景观系列效应，丰富人的体验，引导人的视线，优化道路环境质量。

要在重要公共服务点设置特色景观节点。要选择与空间功能相符的景观主题，采用新材料与新技术营造空间氛围，丰富公共空间体验，构建连续有序的景观网络，优化人的活动环境。

要根据楼群体量采用相应高度的植物进行包装。要利用植物营造立体的空间层次感，软化建筑的硬质感，使其融入周边环境，增强园区的生态与景观意象。

要在园区边界采用生态化的景观设计，设置适度的篱屏植物，以隔离外界环境，凸显园区的独立性，并改善微气候，丰富生态意象。

要在重要节日设置与时令相应的景观装饰。要选择主题突出、色彩活泼的景观装扮，营造节日气氛，丰富人的体验，提高场所的吸引力，营销园区形象。

6. 建立产业链配套

建立企业园区的产业链配套是管理者做好园区规划设计管理工作的战略举措，这主要体现在以下方面。

要依托园区的主导产业，选择相关上下游产业进行引进与布局。要构建产业协作网络，实现不同产业之间的资源与信息共享，提高产业链的连贯性，发挥集群效应，促进产业升级。

要对关键配套产业给予政策和资金扶持。要搭建产学研平台，加强人才培养与技术创新，解决产业链的瓶颈问题，助推关键产业快速发展。

要加强配套基础设施与公共服务的建设。要构建产业发展环境与服务体系，为产业链各环节发展提供支撑，降低产业链整体运作成本。

要通过融资平台为产业链各企业提供资金支持。要制定产业发展基金和风险投资机制，解决中小企业融资难的问题，助其快速发展壮大，丰富产业链内容。

要鼓励企业开展产学研合作，以及促进产业联盟与战略联盟建设。要搭建产业技术创新中心与企业孵化器，促进产业内部技术创新与管理创新，推动产业链升级。

要加强人才引进与培养，特别要增加产业链关键人才的储备量。要建立技能培训机构与职业学院，解决产业链发展中的人才瓶颈问题，为产业注入新活力。

7. 提供优质的后续服务

提供高质量的后续服务是管理者做好企业园区规划设计管理工作的保障，这主要体现在以下几个方面。

要建立健全园区管理服务机构和运营团队。要加强对园区规划设计成果的管理和维护，确保园区基础设施和景观环境的正常运行，为产业发展提供长期支撑。

要加强对企业的全过程服务，如投资服务、运营服务和售后服务等。这可以满足企业多样化的需求，提高其获益感和满意度，促进企业与园区的良性互动。

要加强人才服务，提供一站式的人才引进、培训与职业指导服务。这可以帮助企业解决用工难问题，降低成本，为产业发展注入新活力。

要建立完善的园区市场营销机制。要选择最优的营销策略和渠道进行产品推广，吸引更多的投资者和人才，拓宽产业发展的空间，提升园区的知名度与美誉度。

要加强对先进技术、管理理念与设计成果的应用推广。要定期开展技术交流活动和案例分享，促进园区内企业和设计机构实现资源共享与协同创新，推动产业转型升级。

要加强园区内部设施和环境的监测维护。要定期对道路、管线、绿地等进行检查维修，避免管理维护方面出现盲点，及时发现和解决隐患，确保园区设施的正常运转，保证产业发展环境的安全性和稳定性。

第九章　企业建筑外观设计规划

企业建筑外观设计规划需要系统考虑建筑风格、色彩与标识等要素，并在全过程实施严密管理，以期实现外观设计的整体性、连贯性与品质统一，从而达到彰显企业品牌与塑造良好形象的目的。

企业建筑风格规划与外观设计

企业建筑风格设计需要选择与企业品牌内涵相符的建筑语言，在重要位置采用富有识别度的造型与装饰，设计现代感的立面与适度的体量，实现建筑形式与企业文化的契合，彰显企业理念，提高品牌认知度与美誉度。

1. 选择与企业文化相符的建筑风格

分析企业的发展历史、产业特点、目标客户等，了解企业的文化内涵和品牌价值。要找到企业文化的关键词，如高科技、绿色环保或传统工匠精神等。

将企业文化关键词转化为相应的建筑风格，如高科技文化可采用现代风格，绿色环保文化可采用生态风格，传统文化可采用中西结合风格等。要选择最能够体现企业文化并符合企业发展方向的建筑风格。

考虑企业的目标客户和所在区域文化，选择区域客户最为熟悉和喜爱的建筑风格。如果目标客户群体较广，可选择融合多种风格的折中方案，以增强客户的文化认知度和亲和感。

不同的建筑风格采用不同的设计语言，如现代风格注重简洁质感，生态风格强调自然材料，中西结合风格兼具装饰精细与简洁大气。要利用建筑的平面布局、立面造型、材料应用等全面诠释选取的建筑风格。

管理设计方案的执行标准，确保最终的建筑成果能够如实体现设计风格与企业文化主题。这需要设计方案详细到每个空间与细部，并加强施工图与现场施工管理，落实设计风格的系统渗透。

2. 在重要位置采用富有识别度的建筑造型

选择与企业主导产品或业务相对应的建筑造型，如科技公司可采用动感科技造型，环保公司可采用生物造型等。这可以直接体现企业的产业属性，给人留下深刻印象。

在建筑的主入口空间或向公众开放的重要界面采用富有识别度的建筑造型。这可以成为建筑的空间焦点与地标性象征，提高企业知名度。

选择体现时代特征的建筑造型，如折线、曲面、错层等。这可以展现企业的时代感与创新能力，符合潮流趋势。

要使建筑造型的设计总量与尺度适度且协调。如果采用较为简单或典型的造型，要适当处理以达到视觉识别的目的。如果造型较为复杂，要控制造型的总量，避免画龙点睛。这需要从整体空间的视觉效果出发进行协调。

要在造型设计中考虑其构造技术的实施性。这可以确保最终造型成果的实现度与质量。要选择施工技术先进而经济的造型。

要在后期管理中加强对建筑造型的维护与保养。要定期检查相关设施与材料，避免造型元素老化或损坏。这可以确保建筑造型成果的长期价值与影响力。

3. 利用立面设计营造企业印象

根据建筑功能要素设计立面开敞程度。例如，办公楼可选择部分开敞立面以确保采光，研发楼可选择较为封闭的立面控制室内环境。这需要兼顾实用与视觉效果。

选择高科技或新型建筑材料，如玻璃幕墙或 ETFE 膜结构等，彰显建筑的现代感与科技气息。但材料选择也需考虑成本投入与实用性。

通过视觉焦点如主入口或楣饰设计等，营造空间层次感与引导视线。这可以丰富立面表现力，强化品牌识别度。

根据选取的建筑风格选择简洁的立面色彩，如现代风格以灰白色为主、生态风格以自然土色与绿色为主。色彩应体现整体风格，并与空间氛围协调。

考虑立面设计对室内采光、通风与隔热的影响。平衡外观效果与室内舒适性，选择既美观又实用的设计方案。

进行全过程管理，从设计方案确定到施工完成，各阶段严格把控设计标准与质量。这可以确保立面设计成果的连贯一致与系统性。

4. 采用适度的装饰艺术装点重要立面

将装饰艺术元素集中应用在建筑的主入口或主要立面，形成视觉焦点。这可以吸引人的视线，营造建筑的艺术氛围。

控制装饰艺术元素的总量与密度，避免过于华丽。这需要在视觉效果与实用性之间寻求平衡。例如，主入口或观景幕墙适量运用，其他立面可适当控制。

选择与建筑材料技术相适应的装饰手法，考虑其构造实施性，确保装饰效果的实现度与长期性。这需要理解不同艺术技法的特性，选择最为经济实用的方案。

加强对装饰艺术元素的管理与维护。要定期检查相关设施与材料，进行保养维修，确保其视觉效果与实用价值，延长其设计寿命。

5. 选择与周边环境相协调的建筑高度与体量

根据城市规划的容积率与高度限制，选择建筑的层数与高度。例如，选址在城市中心区域可适当增加建筑高度，在周边区域应选择较为中庸的高度。这可以避免破坏城市天际线，并与周边环境协调。

根据街道环境选择建筑立面临街的长度与深度，控制建筑在水平方向的体量。例如，在密集市区应选择较深且紧凑的立面，若是郊区可选择较为开敞的立面。这可以实现与周边建筑的协调。

通过变化建筑体量的手法，降低大尺度建筑对城市环境的冲击力。例如，采用错落的平面布局，设置无楼层的中庭等。这可以显著改善大体量建筑的视觉比例，软化其在城市环境中的体量感知。

根据建筑风格选择简洁大气的建筑轮廓与造型。避免选用过于复杂的建筑形态，减少建筑体量的视觉效果。简洁的建筑造型更易于在视觉上与周边环境产生协调，软化其体量感知。

开展日照、通风与交通影响评估等专业分析，选择最佳的建筑高度与体量方案。这需要考虑周边环境影响，在功能实用与协调性之间寻求最优方案。

加强对高层与超高层建筑的风工程等专业分析与管理。合理控制建筑高度与体量，确保建筑本身的结构稳定性与功能性。

企业建筑色彩设计原则与方法

企业建筑色彩设计，需要在设计理念与技术手段之间寻求平衡，选择能彰显企业精神的色彩要素，塑造品牌形象，提高市场影响力。

1. 选择与企业文化相符的色彩方案

分析企业的发展历史、主导产业与目标客户群，了解企业文化的核心理念，如高科技企业注重创新、环保企业注重生态等。要将这些理念转化为相应的色彩概念，设计色彩方案。这可以增强色彩方案的文化内涵，体现企业精神。

选择与企业标志或企业 logo 相协调的色彩。这可以增强企业在视觉上的整体识别度，产生品牌联想。但不必完全照搬企业标志色，要结合建筑属性选择更广泛的色彩概念。

选择与所选取的建筑风格相符的色彩。例如，现代风格的建筑以清新简洁色彩为主，高科技风格的建筑选用动感科技色彩。风格色彩可以烘托出相应的空间氛围。但也不能过于依赖某一风格，色彩使用应体现企业文化。

加强对选取色彩方案的测试与评估。要考虑色彩施工的可行性与成本、色彩应用的竞争力与市场反应。这可以在实现设计理念的同时控制成本，选择最佳方案。

建立色彩管理体系，对关键色彩进行色号管控，确保色彩在施工与维护过程中标准一致，最大限度地发挥设计理念。

2. 在重要位置采用富有识别度的色彩

在建筑的主入口空间采用鲜明的企业识别色或特色色彩，成为色彩焦点。这可以提高入口识别度，为到访者营造品牌印象。但色彩使用要注意适当，不能过于张扬或分散人的视线。

通过色块、色带或字体等手法在建筑的标志性结构或空间体现企业识别色，如在超高层的顶部或观景天际线应用。这可以在城市环境中形成视觉地标，增加建筑的品牌知名度。但色彩设计要体现结构美感，不能过于商业化。

在建筑的主要观景幕墙采用鲜明色彩。这可以形成视觉焦点，引导人的视线。但选用的色彩应与幕墙材料、采光环境协调，还需衡量其对室内环境的影响。

要选择在标准光环境下对比度高且易被记忆的色彩。这可以产生高强度的视觉疆域，提高色彩的潜在影响力与知名度。但高对比度色彩也有可能产生视觉刺激，须根据具体应用环境确定适当的色彩对比度。

加强对使用富有识别度色彩空间的照明设计。要采用节能且采光效果佳的照明技术手法将色彩的视觉效果最大限度地呈现在人的视野中。这需要配合色彩设计，共同营造鲜明的品牌识别度。

3. 选择简洁大气的色彩方案

选择适量适度的色彩。色彩种类过多会产生视觉混乱，降低整体空间的清新简洁感。一般 2 ~ 3 种主色加上 1 ~ 2 种辅助色便足以表达设计理念，烘托相应的空间氛围。

要选择颜色比较单一的色系色彩作为主色，如蓝色系、灰色系、咖啡色系等单一色系作主色，双色相近或高对比色作辅色。色系色彩更易于产生简洁统一的视觉效果。但选用的色系也不能过于乏味，辅色的运用可以增加变化。

选择颜色深浅对比不太强烈的色彩搭配方案。对比强烈的色彩虽富视觉效果，但也易产生视觉刺激，无法营造简洁舒适的环境氛围。

选择与空间主要材料相协调的色彩。色彩要与材料的色调、质感相呼应，产生自然协调的视觉效果，如与木材搭配时采用棕黄色系，与石材搭配时采用中性灰色系等。这可以形成简洁大气的整体空间风格。

根据空间功能选择简约的色彩搭配，如工作区域以蓝色调为主、休息区以自然色彩为主。功能色彩可以产生简洁的空间层次感，引导使用者的心理反应。但也要避免过于生硬的色块分割，色彩变化要渐变自然。

根据建筑风格选择色彩。例如，现代风格的建筑选择以深灰色、纯净的白色为主，科技风格的建筑选择以蓝色与银色为主。这可以体现整体空间风格，营造简约大气的环境氛围。但色彩的选取也不能完全依赖某一风格，主导色彩要体现企业文化内涵。

4. 考虑色彩对人的心理影响

选择能产生积极正面情绪的色彩。例如，橙色、黄色可以令人产生活泼开朗的心情，绿色可以产生安静平和的心态。色彩可以影响人的工作效率与交流质量。但色彩不能过于浓烈，要根据使用环境选择适当的色彩。

选择能提高人的注意力与工作效率的色彩，如蓝色可以提高人的专注力、红色可以活跃精神。但也要避免过于鲜艳的红色，即使是蓝色也要选择色调适中的色板。这需要根据空间功能选择适当的色彩以提高使用效率。

根据空间特征选择能营造相应心理情绪的色彩，如客厅以温馨色彩为主、会议室以严谨色彩为主、休息区以自然色彩为主。功能色彩可以引导人的心理期待，营造相应的使用氛围。但色彩变化要平滑连续，避免产生过于生硬的心理差异。

根据使用群体选择不同的色彩，如面向中老年人要选择传统稳定的色彩、面向年轻人要选择时尚科技的色彩。这可以使色彩产生更高的心理契合度，引起共鸣。但色彩的选择也不能过于限定群体，还要表现出包容进步的企业理念。

注意考虑东方人与西方人对色彩心理影响的差异，如红色在中国象征喜庆而在西方较少被采用等。

5. 考虑色彩的功能应用

选择不会过度减弱室内自然采光的色彩。例如，过深或过饱满的色彩会吸收较多的天然采光，导致人工照明的使用量增加，不利于可持续发展理念的表达。需要选择透光性较高的色彩，如选用中性色或色相较浅的色系色彩。

根据建筑朝向与方位选择配色方案。南北面以白色或浅色系为主，西面则不宜采用过暖色调。这可以有效改善室内光环境，提高空间的使用舒适度。

考虑色彩对室内功能区的影响。例如，工作区的色彩选择以提神色彩为主，而休闲区则以自然舒缓色彩为主。这可以产生功能层次感，引导空间的使用特点。但色彩变化要自然连贯，避免过于生硬的色块效果。

选择与主要建筑材料颜色协调的色彩方案。选用的色彩要与石材、金属、木材等主材料的色调和质感相称。这可以增强空间的装饰效果，产生内在的颜色和谐感。但色彩的选择标准也不应完全依赖材料色，还要体现设计理念。

选择与企业形象、产品相协调的色彩，如科技企业选用蓝色系、环保企业选用自然绿色系。这可以增强视觉的品牌连贯性，提高品牌形象和知名度。但色彩使用也不必全然与产品或标识色相同，要根据建筑属性选择更广义的色彩。

选择施工与维护成本比较适中的色彩方案。色彩施工的难易程度与油漆种类都会影响成本的高低。企业在实现设计理念的同时需要考虑资本投入。

6. 加强色彩设计的管理与执行

要建立严密的色彩设计工作流程。从方案创意到最终确认要经历设计测试、评估审核等严谨的流程，以确保色彩设计方案的科学性与实效性。

要建立色彩样板核定制度。在设计方案确定后要制作色彩样板，并严格执行样板核定程序。这可以最大限度地还原设计意图，为施工单位提供色彩参考标准。

要加强对设计方案变更的管理。任何方案的变更都要经过必要的流程，并做好相应的记录取证。这可以确保色彩设计的连贯性与系统性。

要建立色彩使用量的标准与管理。各个空间内主色、辅色及色彩点的色彩使用量都要设定标准限度，并做到严格执行。这可以保证色彩设计的节奏感与和谐度。

要加强施工过程中的色彩管控。要指导施工单位按照样板标准进行色彩选择和调配，并定期进行检查。施工完成后要严格按照竣工样板进行色彩的维护保养。这可以确保设计理念的贯彻与执行力度。

要建立色彩档案与管理制度。对于每个空间的色彩设计都要建立详尽的色彩档案，包括色号、面积、位置及图片等详细内容。这可以最大限度地为日后色彩的维护与管理提供依据。

企业建筑标识设计原则与方法

企业建筑标识设计，需要对从理念提出到方案实现的全过程进行严密管理，以确保设计意图的贯彻与实施效果。这需要深入理解企业文化与周边环境，明确标识设计的目的；运用设计方法论构思创意方案，在方案比选中确定最佳设计；深化方案细节，提高设计实施的可操作性；加强对设计标准执行的管理，并建立详尽档案进行定期维护。只有在理念提取、方案创作与实施管理等全过程严密的把控下，才能让标识设计成为彰显企业形象的视觉焦点。

1. 企业建筑标识设计原则

体现企业文化理念。标识设计要深入理解企业的发展历史、主业属性和形象定位，选择能够精准体现企业文化内涵的设计方案。

增强品牌识别度。标识设计要考虑企业既有的品牌识别系统，选择色彩、字体与图形等设计元素强化整体的视觉连贯性，提高品牌知名度。

突出视觉焦点。要在建筑的关键位置，如主入口，采用醒目的标识设计，使其在城市环境中形成视觉焦点，吸引人的注意力。

符合视知规律。要选择大小适度、色彩清晰、字体规范的设计方案。这可以产生最佳的视觉传达效果，提高信息的识读率。

协调一致。要考虑标识设计与建筑风格、色彩搭配的协调性，使标识设计成为体现建筑整体风格的元素之一。

注重实用功能。要考虑标识设计对室内外光环境的影响，选择材料结构简单实用的方案，方便后期的施工与维护。

2.企业建筑标识设计方法

分析企业文化，确定标识设计理念。要深入了解企业的发展历程、主导产业及目标客户，理解企业文化的核心，明确标识设计需要传达的理念。

研究城市环境，确定标识设计规格。要考察城市特征及周边建筑布局，分析视线结构及主要视觉入口，确定标识设计的尺寸、位置及视觉形式。

构思创意方案，进行比选。要综合考虑设计理念、规格要求、日常功能及成本等因素，构思多种创意方案，再通过方案评估进行比选及确定。

深化完善方案，明确设计细节。在确定方案后要深化完善方案，明确字体选择、色彩搭配、材料运用等每个细节，并制作精细效果图以表达设计理念。

执行效果图，进行现场检验。要按照设计效果图执行模型或样板，在现场进行检验，考察标识设计在光照、气流和尺度上的效果，确保达到设计的预期目的。

管理施工，保证设计标准。要对标识的制作施工进行严密管理，指导施工单位严格执行设计标准，并在竣工后验收，以确保设计理念的贯彻。

记录档案，定期维护。要建立详细的标识设计档案，记录每个设计细节，并定期对实施效果进行维护，保持标识设计的实用性与醒目度。

企业建筑外观设计规划的管理要点

加强企业建筑外观设计规划的管理，需要企业建立系统的工作机制。要严密把控设计过程，明确各个环节的工作内容与责任主体。要加强施工过程及竣工后的监督检查，建立详细的设计档案，为维护管理提供依据。还需进行设计评估与总结，不断提高设计与管理水平，确保设计规划的实施效果。

1. 建立外观设计工作流程

提出外观设计方案创意。要根据企业文化定位及建筑功能属性提出多种设计理念与创意方案。这需要设计人员深入理解企业与建筑的关系，并进行广泛的案例研究与理论学习。

进行方案评估与比选。要综合考虑各方案的设计理念、使用功能、施工难易度及成本等因素，采用评分或网络分析法进行评估与选择。这需要评估者具有审美眼光与专业判断力。

深化选定方案，制作精细化效果图。要在方案确认后深入开展方案设计，明确外立面中的每个细部，包括材料选择、色彩运用、结构网格及装饰元素等，并制作精细的设计效果图。这需要设计人员具备很强的设计研发与表达能力。

进行专家评审及现场评估。要组织有关专家进行方案评审，并在现场进行设计效果的评估，分析方案在视觉体量、材料可行性及装饰规格上的合理性，确保最终方案的科学性与创新性。这需要管理单位运作规范的评审机制。

确定最终设计方案及工作细则。要综合专家意见与现场评估结果，确定外观设计最终方案，并将方案转化为工作细则，为后续工作提供执行标准。这需要管理人员具有把设计理念转化为工作细则的能力。

记录设计方案决策流程。要对设计方案从创意构思到最终确认的全过程进行详细记录，包括会议纪要、方案评分表、专家意见与效果评估报告等。这需要管理人员具备严谨的工作作风。

2. 加强对设计变更的管理

任何设计变更都要有书面申请。设计或施工单位要对方案的一切变更提出书面申请，说明变更理由及预期效果，并提供相关资料。这可以避免设计变更的随意性，使其成为可以严密控制的工作内容。

设计变更申请要经过审核。设计变更的申请要由设计或管理部门进行审核，分析变更内容是否影响设计理念及施工进度，是否有助于提高设计的实用性与经济效益等，只有在综合分析后才可批准变更申请。

批准后的设计变更要重新进行方案比选。为避免设计变更引起连锁反应，影响整体设计效果，批准后的变更设计要重新进行方案构思与比选，选择最佳方案进行深化设计与执行。

要及时更新设计工作细则。设计变更获批准后要及时更新外观设计工作细则，并通知相关施工单位。这可以确保施工单位按更新后的设计标准进行施工，避免产生纰漏。

要建立设计变更档案。无论变更申请是否获批，都要建立详细的设计变更档案，包括申请的书面材料、审批记录与重新比选方案等内容，为日后管理评估提供必要依据。

加强变更设计的检查评估。设计变更实施后要建立检查机制，对变更设计的实施效果进行评估，分析优点与存在的问题，为今后管理提供改进依据。

3. 制定外观设计使用量标准

制定主材料的使用比例标准。例如，玻璃与石材的使用比例要在立面设计中进行控制，避免某种材料过于突出，影响建筑的整体效果。这需要考虑材料特性及建筑风格要素等因素，确定适宜的使用比例。

控制色彩使用数量及色彩搭配标准。要根据建筑体量、功能属性和所处位置等确定外立面色彩使用的数量，并制定色彩搭配的基本原则。例如，建筑的南北立面以浅色系为主，东西立面色彩要朴素大方等。这需要熟悉色彩设计理论与应用知识。

确定装饰元素的使用位置、数量与规格。各类装饰线脚、雕塑等的使用都要根据立面风格与建筑属性进行控制。这需要很强的装饰设计能力与审美判断力。

制定网格结构与节奏感的控制标准。要在立面整体设计中预设网格结构及设计重点，并按比例尺严控设计的节奏感，使装饰与色彩的变化富于秩序。这需要了解立面设计的构成原理。

加强对使用标准执行的监督检查。在设计过程及施工过程中要定期进行监督检查，查看各项使用控制标准的贯彻执行情况，及时指导并进行调整，确保使用标准的有效实施。

建立使用控制标准的资料档案。要详尽记录各类使用标准制定的依据、理论支持与设计解释等内容，为日后推行与改进标准提供参考依据。

4. 指导施工单位严格执行设计标准

要提供给施工单位详尽的设计工作细则。包括立面设计效果图、材料清单与加工规范等，为施工单位的设计还原提供依据。这需要设计单位具备详尽而系统的设计能力。

要组织施工人员学习设计方案。通过培训与现场说明会使施工人员深入理解设计理念与要素，掌握设计标准的内涵与要点。这需要管理单位具备组织培训与讲解设计方案的能力。

加强对选材、材料加工和色彩调配的监督。要指导施工单位严格按设计工作细则选材与加工，并在调配色彩样本前进行审核，确保色彩效果达到设计预期。这需要管理人员具有丰富的施工控制经验。

及时组织现场验证实施效果。定期对外立面选择的主材料、色彩运用、装饰元素等实施效果进行检查，对发现的问题要立即反馈，指导施工单位进行调整与修改。这需要管理人员具有敏锐的设计审美眼光。

在工程竣工验收时进行最后检验。要在竣工验收时对外立面所有的设计实施内容进行最后检验，确保施工单位严格执行设计标准并及时进行整改，以达到设计理念的最大限度表达。这需要管理人员具有严谨细致的工作作风。

加强施工单位对设计变更的响应能力。施工过程中难免出现个别设计方案的调整，要求施工单位具有较强的变更响应能力，及时更新施工标准，并对施工人员进行必要的再培训。这需要管理单位选择设计变更响应能力强的施工单位。

5. 现场检验外观设计效果

检查主材料的选择与加工质量。要在施工过程中检查石材、玻璃、金属板等主要材料是否符合设计标准，加工质量是否达到要求。这需要熟悉各类材料的特性与加工工艺。

审核色彩调配与效果。要在色彩调配样板实现前进行审核，对色彩效果是否达到设计意图进行分析与指导，在色彩使用后检查色彩调配的准确性与补漆效果。这需要施工单位具备专业的色彩设计与应用知识。

检查装饰元素的位置、大小与工艺。要对立面上安装的各类装饰线脚、雕塑等的位置、尺寸及工艺加工是否符合设计标准进行严格检查，指导施工单位进行调整。这需要企业具有较强的立面设计与装饰知识。

考察设计在光照条件下的效果。要在不同的光照条件（如日光、夜景光等）下对建筑外观设计效果进行考察，分析色彩、立体感及层次变化等设计要素在不同光照中的表现，必要时提出调整意见。这需要企业具有较强的现场设计分析能力。

检验设计在风载条件下的效果。要在大风条件下对外立面材料及装饰结构的安全性与稳定性进行检验。必要时可以采取点对点的风洞实验进行模拟，确保设计方案的安全可行。这需要企业了解各类立面材料的特性与结构计算理论。

记录现场检验情况与优化意见。每次现场检验要详细记录检验内容、存在的问题与管理部门的指导意见，为设计变更与优化提供理论支撑，也为下一项目提供依据。这需要管理人员具备较强的记录与归纳能力。

6. 建立详尽的设计档案

收集设计理念与方案资料。要详尽收集设计理念提出的依据、方案构思思路与评选过程的相关资料，为理解设计的深层意图提供最原始的资料佐证，也为今后设计管理评估及方案检索提供参考。

整理设计效果图与工作细则。要对设计过程中产生的所有效果图及加工规范等详细资料进行整理归档，为施工标准化提供详细依据，也为设计变更提供快速检索的条件。

收集主要材料与色彩资料。要收集设计中选用的主要材料样品、色谱及色号等详细资料，为日后设计管理与维护提供直观参考。

汇总施工监督检验记录。要收集设计管理人员在施工过程中的监督记录、检验报告与优化建议等资料，为总结设计管理经验提供详尽依据。

建立设计变更申请与决策档案。要收集设计变更的申请书面材料、审批记录、重新比选方案以及管理部门的决定或指导意见等资料，为日后对设计变更的管理提供翔实的档案资料。

进行定期资料整理与归类。要采取定期管理机制，对收集的各类设计资料进行分类整理与加工，使之成为系统完整的设计档案。这需要企业配备专职人员进行资料收集与档案维护管理工作。

建立在线检索系统。可在收集整理详尽资料的基础上建立在线检索系统，实现对各类关键设计资料的快速调用与浏览。这需要企业具有一定的资料信息管理与系统开发能力。

7. 加强对外观设计的日常维护

定期组织外观设计巡检。要定期对建筑外观进行全面巡检，检查各类材料的损坏情况、色彩效果变化及结构安全性等，对发现的问题要及时反馈至相关维修部门。这需要企业具有专业审美判断力和现场检验能力。

要求相关部门更新维修。在巡检中发现的各类问题要及时向相关维修部门提出更新维修要求，以保证设计形象和使用安全。这需要管理人员具有较强的协调与监督能力。

记录维护情况与更新改进。要建立详细的维护记录档案，对各类问题的反馈处理过程进行记录，为下次更新维修提供依据，也为设计改进提供参考。这需要管理人员具备较强的记录与管理能力。

定期总结外观设计使用情况。要定期收集各相关部门对外观设计使用情况的意见与建议，对设计中的不足与值得改进之处进行分析与总结，为下一阶段的设计更新提供理论支持。这需要管理人员具有较强的沟通与总结能力。

及时更新设计方案。要根据总结报告对设计方案中的材料选择、色彩运用与结构细部等进行更新，以保证设计的实用性、经济效益与艺术品位。这需要管理部门与设计部门达成高度一致和配合。

加强对设计服务寿命预估的跟踪研究。在设计初期要根据材料特性与结构安全计算对外观设计的最佳服务寿命进行预估，并在后续使用过程中进行跟踪检查，分析设计各要素的实际使用与损耗情况。必要时要收集专家意见，进行实验检验，确保设计使用的安全性。

建立外观设计全生命周期的管理档案。包括初步设计方案档案、施工过程资料档案以及各期维护记录档案、经验总结报告等，为设计的长期维护与更新改造提供全面依据。这需要管理人员在档案建立与资料管理上有较强的技能与严谨的工作作风。

8. 进行设计评估与总结

选择管理与设计专业的高学历人员。外观设计管理需要管理人员对设计专业知识有比较全面系统的理解，才能在设计管理的各个环节发挥应有作用，因此企业应选择具有管理与设计双专业的高学历人员。

加强对管理人员的在职培训。要定期举办外观设计管理方面的讲座与工作研讨，邀请行业内资深专家对管理人员进行知识与理念更新，使管理人员的专业视野不断拓宽，具备较强的前瞻性和判断力。

鼓励参加外部的学术交流活动。鼓励管理人员定期参加行业内相关的会议、学术研讨、新技术交流展等活动，拓宽其学术视野，更新管理理念，学习先进的管理手段与方法。

实施岗位轮换与交叉培养机制。在管理团队内实施岗位轮换制度，鼓励管理人员进行交叉学习，使不同岗位的管理人员了解全过程，有利于统一管理理念，提高配合效率。

建立人才培养与考核激励机制。要定期对管理人员的业务水平与工作表现进行考核，并建立相应的晋升机制与激励措施，以保证管理团队的整体素质不断提高，为外观设计管理工作的开展提供人才保障。

加强对潜在管理人才的选拔和培训。要定期从设计部门选拔部分人员进行外观设计管理方面的培训，为管理团队注入新鲜血液。这需要管理部门具有较强的人才选拔与培训能力。

第十章　企业内部空间规划设计

　　企业内部空间规划设计需要遵循功能布局的原则，根据办公、生产和辅助功能区分空间用途，采取不同的规划设计方法与策略。办公空间着眼于提高工作效率与形象；生产空间注重安全、操作流程与装置效能；辅助功能空间侧重体验与交流。整个规划设计过程需要精细化管理，严格控制空间比例、材料选择、色彩运用、道路交通组织等，并建立规范标准与档案资料，为后期维护、管理与更新改造提供依据。

办公空间规划设计的原则与方法

　　办公空间规划设计应遵循功能分区与灵活变通等原则，并重视人性化与标准化设计，借助现代科技手段提高办公空间的使用率。方法上需要调研分析与编制空间比例，确定空间形态与家具设置，设计交通系统，加强施工管理与建档管理。

1.办公空间规划设计原则

　　功能分区原则。要根据部门性质与职能对办公空间进行合理功能分区，形成相对独立的部门空间与公共空间，确保工作的有序开展与信息的畅通交流。

　　灵活变通原则。要考虑空间使用的灵活性，在部门分区上预留一定余地，便于日后进行空间调整。分区隔断要采用移动隔墙，可以随时调整空间布局，延长其使用寿命。

人性化设计原则。要注重对人的视觉心理、操作习惯与工作节奏的考虑，办公家具的设计要人性化，空间布局要体现部门文化，以提高工作满意度与效率。

标准化设计原则。对办公空间的主要设计要素要采取标准化控制，如办公桌椅、照明标准、空调参数等。这可以控制投资成本，利于管理与更新维护。但不应过于死板，仍需考虑文化差异。

科技辅助原则。要借助现代科技手段提高办公功能，如采用可更换空调系统、LED照明、着色玻璃等。要预留电源接口与通信线槽，方便日后安装监控、多媒体与视频会议系统。

要建立详尽的室内设计效果图与施工作业细则，为办公空间的装修施工提供设计依据与管理标准。要在设计过程中强化成本控制与施工管理，确保设计理念的实现。这需要管理人员具有较高的专业水准与管理能力。

2. 办公空间规划设计方法

调研与需求分析。要对企业主体业务与组织机构进行调研分析，确定各部门的空间需求与功能定位，为后续空间规划提供基础数据与理论依据。同时要对企业未来发展趋势进行预测，以确保空间具有一定的可持续性。

确定空间比例与布局结构。要根据部门空间需求与企业文化确定办公空间的合理比例，形成空间布局的基本结构框架。比例与结构的科学性是空间功能发挥的前提。

选定空间形态与分割手法。空间形态可选方形、长方形及开敞式等；分隔手法可选玻璃隔墙、推拉门及移动隔板等。要综合考虑成本、灵活性、采光与隐私需求，选择最佳方案。

设计家具、照明及天花搭配。要选择与企业形象相符的家具款式，定制品与标准品相结合。照明要选择节能的 LED 灯具，打造均匀柔和的光线。天花要体现空间氛围，选择吸音材料。

道路交通与指示系统设计。要根据空间布局和人流组织定交通主次干道路，设置全面的指示系统，确保工作效率。要考虑人员疏散与物资运输通道设置。

强化施工与监理管理。设计单位要加强与施工单位的沟通，要求其提高设计方案的理解度。在施工过程中加强监理检查，确保标准规范地执行。这需要管理人员具有较强的协调与监理能力。

竣工验收与档案建立。要在竣工验收时进行最后检验，要建立设计与施工详细档案，为后期管理与维护更新提供依据。要对初期使用进行评估，提出优化策略。这需要管理人员具备较强的总结与归纳能力。

生产空间的规划布局与设计方法

生产空间的规划布局需要对产品生产工艺进行深入分析，确定科学合理的空间布局和设备动线，满足各项环境要求。生产空间设计需要对产品工艺进行深入细致的分析，提出系统全面的设计方案，选择设备与管线进行布置，并设计车间环境与交通系统。要落实到施工图与细节，试运行检验后建档备案。

1. 生产空间的规划布局

确定车间空间比例。要根据企业产品种类与产量，确定各功能区的空间比例，如生产区、物流区、管理区与辅助区等。空间比例的合理性会影响车间的使用效率和运行成本。

选择布局结构。根据企业产品特点和防火防爆要求，选择开敞式或封闭式布局结构。开敞式结构虽然运行灵活但防火难度大，封闭式结构相反。要综合考虑选择最佳方案。

生产设备布置。要根据工艺流程和设备规格数据，对各主要生产设备进行最佳化布置，保证操作方便与运转安全。重型设备要布置在承重墙体附近，相互作用的设备要布置在便于操作的距离内。

设置人员动线。要根据工序操作要求和生产节拍，对操作人员进行动线组织和布置，设置必要的防护隔离，确保人员移动畅通与安全。人员动线布置要与物料运输线相协调。

设置部门划分与工位。要根据部门职能与人员数量对空间进行划分，设置标准化但又具独立性的工位。要考虑部门之间的交流与协作频率进行布置，提高工作效率。

配备环境要素。要为车间配备必要的空调、照明、防火和除尘通风系统。环境要素的设计要满足生产工艺流程和设备运转的要求，确保产品质量与操作人员的工作环境。

2. 生产空间的设计方法

详细调研与分析。要对企业主导产品的生产工艺和技术进行全面系统的调研分析，获取各道工序的空间与设备需求数据，为车间设计提供理论依据。

确定设计方案与步骤。要根据调研分析结果提出车间设计的总体方案和分步骤设计，方案要经过技术与经济论证，确定最佳选项。

设备布置与选型。要根据工艺流程和工序技术要求，对各类生产设备进行规格选型和最优布置，布置要考虑运转空间、动力输送与操作要求。设备选型要结合企业发展需求和投资成本进行。

管线系统设计。要根据设备布置和工艺要求设计齐全的动力管线、工艺管线及生产用水系统等。管线要选用耐腐蚀和防爆材料，布置要便于维护保养。

车间环境设计。要设计满足生产要求的照明、空调、除尘与防火系统。要选择节能环保的技术与设备，并进行经济性分析与比选。

交通运输系统设计。要结合车间布局和物料运输特点，设计合理的物料运输系统与人员通道。要考虑日常运输与应急疏散需要。

施工图与细节设计。要根据设计方案编制施工图，并对构件节点和细节进行深化设计，为施工提供详尽依据。细节设计要考虑操作灵活性、检修方便性和防腐需要。

试运行与检验。要在正式投产前进行试运行，检验各系统的配合协调性，根据试运行结果完善设计，确保达到最佳生产效果。

资料归档与交底。要建立完整的设计交底档案，详细记录设计理念、过程和内容。交底能为后期管理运营和设备维修更新提供依据。

企业展厅、体验馆等辅助空间的规划思路

企业辅助空间的设计要明确空间定位，编制设计方案并确定展示内容。要采用高新技术提高互动体验，并设计导览系统。要加强施工管理与设施维护，实现定期更新。还要建立数据统计与分析机制，为决策提供理论支持。

1. 文化展厅的规划思路

确定展示主题。要根据企业发展历程和核心价值观确定展厅的主题，主题要能突出企业独特的文化内涵，体现企业精神面貌。主题的科学性直接影响展厅的传播效果。

143

内容分析与整合。要搜集企业发展过程中的典型人物事迹、产品展品等资料，对内容进行整合梳理。要突出重要节点与主导产品，并兼顾企业各个发展时期。内容要符合展示主题。

时间轴展示。要按时间顺序设置企业发展历程展示墙，体现企业从无到有、由小到大的成长轨迹。展示墙设计要采用富有象征意义的图案与色彩。

空间布局设计。要选择合理的空间结构与展示布局，布局设计要体现内容的连贯性和主题的中心性。重要内容要设置在易于浏览和交流的位置。布局还要满足人流疏导与交通要求。

应用高新技术。要结合 VR、虚拟互动、多媒体等技术手段，设置富有互动性的文化体验项目。这可以增强参观者的文化认同感和企业认知度。

家具与道具选用。要选择与主题相符的家具与装饰道具。家具要体现高贵、稳重与科技感，道具要体现企业各发展时期的特征，并具有强烈的视觉冲击力。

环境氛围营造。要通过照明设计、色彩运用和音乐设置营造出与企业文化主题相符的环境氛围。要设置区域性的环境控制系统，并可根据内容变化做调整。

导览与互动。要设置电子文化导览系统，内容要丰富详尽，采用多种语言并考虑弱势群体。要根据展示内容设置相关互动项目，引发观众思考与讨论。

品牌化设计。空间设计要体现出鲜明的视觉识别系统和统一的设计风格，彰显企业品牌理念，产生"文化代言"的传播影响。

2. 品牌展厅的规划思路

确定品牌定位。要根据企业市场战略和产品定位明确展厅的设计理念，要彰显企业整体品牌或某个主导产品品牌。品牌定位的准确性直接影响展厅的设计方向。

设计理念构思。要根据品牌定位提出设计的主题和视觉风格，理念要体现品牌价值观与个性特征。视觉风格要一致并贯穿整个设计过程，营造强烈的品牌认知印象。

展示内容与布局。内容主要以品牌产品、企业形象片、品牌沿革与品牌理念为主。布局要突出品牌中心与流线型空间感，要符合人流动线与交通要求。

家具与色彩选择。要选择流畅简洁的家具款式，色彩以品牌主色为主，辅以品牌次色。色彩运用要营造统一和谐的视觉体验，具有强烈的品牌指向性。

环境氛围与体验。要通过灯光、音乐和数字屏幕的设置营造品牌理念氛围。优先选择无明显物理边界的开敞空间，营造品牌的开拓进取精神。要设置具有互动体验的数字化设备。

材料与装饰。要选择与品牌定位相符的高端质感材料，突出科技感与未来感。装饰摆设要体现品牌特色，强化空间主题与整体视觉效果。

导览与服务。要设置品牌文化电子导览系统。内容除产品外还要突出品牌理念与企业故事。服务要体现品牌服务理念，选择品牌化的制服与礼仪标准。

科技应用。要广泛运用 AR 与 VR 多屏幕投影等高新技术，提高互动体验度和品牌震撼力。科技手段要与品牌定位、设计主题高度契合。

品牌识别度。整个展厅空间要达到超高的品牌识别度。采用品牌视觉识别系统贯穿家具、材料、装饰、导览等方面。视觉识别度的统一性能产生"空间印象"的品牌传播效果。

3. 产品展厅的规划思路

确定展厅定位。要根据企业市场战略和产品种类确定展厅的主导功能是产品展示、产品推广还是产品体验。展厅定位会影响后续的空间设计。

选择展示内容。内容主要选择具有代表性的产品或新款产品，还可以加入企业形象片或品牌理念等。内容要能体现产品特色与技术优势。选择时要考虑不同客户群体的需求。

编制空间设计方案。方案要基于展厅功能和展示内容，要体现现代感与科技气息。方案还需经过投资成本分析比较，确定最优方案。

产品布局与动线。布局要突出重点产品并分类展示，还需满足疏散与无障碍通行要求。动线设计要引导客户按预期顺序浏览。

家具与道具选用。要选择简洁大方的家具以突显产品，家具材质要科技感强。家具布置要形成开敞的空间感。陈设道具应简单大方。

颜色设计。要选择能体现产品与企业技术的色彩，色彩设计要营造视觉律动感和空间扩展感。色彩还要起到分类和引导作用。

环境氛围营造。主要通过照明变化和数字屏幕设置营造氛围。空间需要根据不同功能分区控制环境，环境设计要打造舒适体验感。

应用高新技术。要选择 AR、VR 和多媒体等手段设置互动体验项目或虚拟体验区，提高客户参与度和产品认知，体现企业科技实力。

导览系统设计。要设置全面的数字文化导览系统，内容除产品外还涉及企业与品牌。导览系统要有多语种并符合残障人士使用。内容设计要互动性强并具教育意义。

数据统计与分析。要对参观人数、参观习性与评价意见等开展定期统计分析，为产品更新或活动策划提供决策依据。

4. 企业体验馆的规划思路

确定体验主题。主题要根据企业产品或技术特点来确定，需要能体现产品的核心价值或技术特色，并给客户带来全新的体验。主题的创新性直接影响体验馆的吸引力。

编制设计方案。要根据体验主题构思设计理念和整体方案。方案要富有未来感和互动性，并考虑不同年龄层和客户群体的使用需求。方案还需经投资分析，确定最优方案。

展示内容与项目。内容选择要契合体验主题，要以互动项目或虚拟体验为主。项目设计要具挑战性或竞技性，能带来身心双重的体验。项目难易度需考虑不同客户群体。

环境氛围与装饰。要通过声光电和数字装置营造沉浸式体验环境。空间装饰以简约未来风格为主，要具有强烈的科技感与互动感。装饰要提高空间娱乐性和体验乐趣。

材料与家具选择。要选用耐用性强且安全的材料，家具选择简洁流畅的款式。材料应具有较高科技感和互动体验度，家具需考虑不同体验项目的动态性要求。

人流组织与服务。要进行精细化的人流动线设计，设置必要的安全疏散系统和无障碍设施。服务要体现互动与体验理念，工作人员须接受专业培训。

施工管理及运维。要对项目施工单位进行严格管理，确保设计理念的贯彻。要建立健全运维系统和故障应急预案。要定期对设施进行安全检测与维保更新。

数据分析与评估。要定期对客户体验数据、满意度调查结果等进行分析评估。要建立馆内会员制度和互动社区，收集更丰富的数据反馈。数据分析结果可以为体验项目的调整更新和营销策划提供依据。

新增体验与更新。要不断开发新体验项目或更新原有项目，以保持体验馆的新鲜度。更新要在确保空间载荷的前提下进行，要避免造成人流混乱。

企业内部空间规划设计的精细化管理策略

企业内部空间的精细化管理，需要在专业化设计、流程管理和理念把控方面下功夫。还要严格选择施工单位，建立运维检修制度与更新机制。要开展用户调查与体验评估，不断提高管理人员的专业技能水平。这样，才能使空间功能、形象与文化价值得到充分发挥。

1. 提高空间设计专业度

制订空间设计人员的职业培训计划。要根据不同设计人员的知识结构与工作经验制订定制化的培训计划。内容要涵盖新技术、新材料与管理知识等。培训形式可以选择内部培训、外部讲座或参加训练营等。

组织参加行业交流与学术活动。要定期选择与企业空间设计相关的行业峰会、设计周、学术会议等活动，组织设计人员参加，以拓宽其专业视野，了解行业发展动态与新理念。参会要进行事先准备与后续总结，真正达到收获与交流的效果。

开展案例分享与评析。要定期组织空间设计团队开展案例分享会，每个人至少分享 1 ~ 2 个自己感兴趣的设计案例。案例必须是行业内的成功案例或亮点案例。通过案例的评析与讨论，提高团队的专业判断力，激发设计灵感。

构建设计师作品集与评选机制。要鼓励空间设计人员构建自己的作品集，对优秀作品设立奖项与评选机制。作品集的构建可以促进设计人员不断提高设计水平与积累设计经验。评选机制也可以激发团队内部的竞争与学习动力。

邀请业内专家进行交流指导。要定期邀请空间设计领域的专家学者开展专业指导，提高团队的理论知识与设计思维。交流可以选择专题讲座、工作坊或"师带徒"等方式。专家交流指导能快速汲取行业智能，使团队在实践中受益匪浅。

2. 完善空间设计流程管理

制定项目立项审批程序。项目立项是空间设计的发端，要明确立项申请的格式、审批流程与审批条件。立项开始之前要考虑项目的必要性、投资成本与预期效果等，审批环节要严格把关。

设计方案的评审机制。不同设计方案要进行评审比较，由空间管理部门、用户部门和投资部门等组成评审委员会。评审中要从设计理念、空间功能、投资成本等方面进行打分，选择最优设计方案。

标准化施工图纸审核流程。施工图纸直接影响工程质量，要制定专业性强的审核流程与标准。要对结构安全、消防规范、电气规范与设计方案贯彻等方面进行审核。审核过程要严谨细致，确保合规合格。

每个阶段的项目进度考核机制。要对方案设计阶段、施工图设计阶段和施工阶段等设置进度节点和考核标准。进度落后的项目要及时提出延期申请，并分析原因，制订加速计划。考核机制要严格执行，促进各项目按时推进。

完善的设计档案管理系统。每个设计项目要建立专门的电子档案进行管理。档案内容要包含项目立项信息、设计方案、施工图纸、项目总结报告、用户使用手册等全套资料。档案管理要规范统一，便于查询和后续项目参考。

其他配套管理制度。还需建立设计变更管理制度、设计费用结算与支付制度、项目下达与任务分解制度、空间使用与维保管理制度等。这些管理制度要高度配合，整体运行协调。制度执行过程要严格有效，真正发挥管理作用。

3. 加强对设计理念的管控

对设计理念的创新性与先进性把控。设计理念的提出要考虑行业发展趋势和企业文化内涵。理念要富有前瞻性，体现出超前的设计思维。理念的创新要激发客户想象力，并契合目标用户的心理预期与审美需求。这需要设计人员具有敏锐的行业洞察力和先进的设计思维。

对设计理念文化内涵的把握。设计理念还要融入企业的核心价值观和企业精神。理念要体现企业独特的人文情怀和社会责任感。理念还需体现出包容开放、生态环保与人性关怀等文化内涵。这需要设计人员深刻理解企业文化与精神内核。

在施工过程中理念的贯彻机制。理念的提出最终要在施工过程中得以呈现，这需要建立严密的监管机制。在选择施工单位时要考虑其对设计理念的理解度与表达能力。施工过程中要定期组织监督检验，确保每个设计细节的贯彻与实现。

实现设计理念统一的管理手段。企业多个空间设计项目要在理念上达到一致，这需要通过多种手段进行统一管理与把控：设计理念专题研讨、理念提炼与说明会、案例理念分析及评判等。要将项目理念的总结与提炼进行归类整理，形成企业一致的设计理念体系与文集，供各项目设计团队参考与应用。

对设计理念的检验与评估机制。每个设计项目完成后，要对实现的设计理念进行检验与效果评估。要从客户体验、空间功能达成度和未来可持续性等角度进行评估。理念的检验有助于及时发现不足和提出改进措施。这需要管理人员具有理念评估能力和审美鉴赏力。

4. 选择优质施工单位

考察施工单位的资质与执业范围。要选择与空间设计项目的资质等级和执业范围要求匹配的施工单位。资质要选择设计负责级别的施工单位，执业范围要完全涵盖项目内容。这需要管理人员具有相应的资质认定与判断能力。

评估施工单位的管理水平与技术实力。要通过考察施工单位的管理制度、项目管理经验和技术设备等进行评估。施工单位要具有科学精细的管理机制、丰富的类似项目管理经验和先进的施工设备等。这需要管理人员具有较高的评估与甄别能力。

审查施工单位的项目案例与客户评价。要审查施工单位近期完成的相关项目，考察其对设计理念的贯彻能力和施工质量。还要查阅其客户对该单位的评价与评级情况。案例与客户评价可以全面客观地反映出施工单位的专业水平与服务质量。

与施工单位进行深入沟通交流。要与作为备选的几家施工单位进行详细交流，让他们理解项目的设计理念、管理要求和质量标准等。通过交流可以判断出施工单位对项目的理解程度和对以往类似项目的熟悉度。这有利于最终选择出真正满足项目需要的优质单位。

与选定单位签订详尽的合同。合同要在项目内容、进度节点、管理要求、质量标准和责任承担等方面进行详尽明确规定。要列入相应条款进行监督检查、质量担保和违约处罚等。严密的合同可以对施工单位施加压力，督促其切实承担起项目责任。这需要管理人员在合同内容和格式方面具有丰富知识与经验。

加强对选定单位施工过程的监管。要定期对施工进展和施工细节进行检查，对问题和不足提出整改要求。要严格按合同要求和设计图纸施工，确保项目顺利高质量完成。这需要管理人员具备专业知识与经验，能对施工质量进行准确判断。

5. 建立运维检修制度

制定日常运维规程。要针对办公空间、会议空间、公共休闲空间等区域制定专属的日常运维规程。内容要包含清扫保洁、植栽养护、空调维护、照明检查等。要合理确定运维频率与责任主体，促使各空间保持清洁、舒适与秩序。

定期全面检修。每季度或半年要对所有的空间设备设施进行全面检修，内容包括空调系统、供暖系统、照明系统、消防系统与塑钢板饰面等。要选择专业检修公司检修进行，确保各系统设备安全稳定运行。

家具与装饰材料的维护。要定期对家具、地毯、壁纸、漆面等进行保养与维护，预防出现损坏情况。要选择与设计风格、品牌相符的清洁用品与护理品进行维护，确保材料的色泽与质感保持一致。还要注意不同空间和设施的特点，采取相应措施进行维护。

组织空间维修与更新改造。当空间或设施出现磨损或损坏无法修复时，要及时组织维修与更新。更新时要选择与原设计风格相符的新型材料，以免造成设计理念的割裂。空间功能无法满足使用需求时，要进行改造与调整。这需要管理团队具有较强的设计把控与更新能力。

修缮保养制度的落实监督。各项运维检修制度实施后，管理团队要定期开展监督检查，对制度执行情况与保养质量进行评价。监督过程中对发现制度执行不力或运维保养不到位的空间，要及时提出整改意见与完善措施。这需要管理团队具有较高的监督与评估能力。

制度效果评估与持续改进。要定期对制度实施效果与使用者满意度加以评估。对评估结果不理想或存在新的改进空间的地方，要及时更新与修订制度内容。这需要管理团队在制度管理与实施方面具有一定的改进能力与创新意识。

6. 开展用户满意度调查

调查内容的准确定位。调查内容要针对不同空间类型的主要使用者，可以关注动线组织、家具配置、采光通风、噪声控制、环境清洁度等方面。还可根据历次检修与改造开展重点追踪调查，发现新问题。这需要管理团队具有空间使用定位与分析能力。

定期全面调查与突击调查相结合。定期开展全面系统的满意度调查，每季度或半年一次。还要针对部分空间的特殊变化情况，开展突击性调查，以发现新问题与提高响应速度。这需要管理团队具有调查机制构建能力。

严谨的调查问卷设计。调查问卷要突出重点与针对性，避免出现宽泛或笼统的问题提法。问题要设计成开放性、选择性与量表测评结合的形式。这需要管理团队在问卷设计方法与技巧方面具有一定知识。

较高的调查有效性。要选择空间主要使用者开展调查，以便于获取真实数据。发放与回收要由专人负责，督促填写并及时回收，提高有效回收率。这需要管理团队具有较强的组织协调与执行能力。

数据分析与报告制作。要运用相关统计分析工具对调查数据进行分析处理与整理。分析要从总体满意度和不同空间类型的满意度差异着手。要制作直观全面的分析报告，并提出改进建议。这需要管理团队具有一定的数据分析与报告撰写能力。

及时落实管理改进。根据数据分析结果要对不同空间与管理流程提出改进措施。改进要在环境改造、空间调整、制度修订等方面进行，并再次开展追踪调查，确认改进效果。这需要管理团队具有问题解决与管理创新能力。

7. 实施定期更新机制

根据企业发展战略和文化调整来确定更新周期。企业发展战略或品牌形象发生较大调整时，要考虑对空间设计进行更新与升级。文化内核的改变也会带来空间设计理念和表达手法的更新需求。这需要管理团队密切关注企业发展战略与文化管理的变化。

根据客户体验与使用评估来判断更新时机。定期开展的客户满意度调查与评估显示，原有空间设计无法满足广大客户的需求和期待时，要考虑进行必要的更新改造。这需要管理团队具有客户需求分析和体验评估能力。

根据空间设备与材料的老化状况来控制更新周期。空调、照明、消防等系统设备使用一定年限后，难免发生老化与损耗。地板、墙面、家具等装饰材料也会在几年内出现色差与损坏。要合理预测这类设施与装饰材料的使用寿命，提前做好更新换代计划。这需要管理团队对各类空间材料与设备有较深入的了解。

制定具体的更新实施方案。要针对不同空间与系统制定更新实施方案，方案要明确更新内容、施工工期和成本预算等。方案还需考虑原有设计理念的继承性与新技术的应用等。这需要管理团队具有较强的空间设计能力和项目管理能力。

更新施工的严格管理与跟踪。要建立与新的设计项目一致的管理标准与监督机制，对更新施工进行全过程跟踪管理。对施工过程中发现的问题与障碍，要及时提出解决方案，确保更新顺利完成。这需要管理团队具有严谨的工作态度和较强的危机管理能力。

更新效果评估与用户满意度反馈。更新完成后要开展效果评估，从空间功能、形象包装和使用体验等方面进行分析。也要广泛开展用户满意度调查，获取新设计的反馈，这有助于后续优化调整与改进。这需要管理团队具有一定的评估分析和调查管理能力。

8. 构建数据库

收集各类设计资料与施工详图。要收集与整理历年已完成项目的设计方案、效果图与施工详图等资料。这些资料可以为未来项目提供参考，缩短设计周期。这需要管理团队具有资料收集及分类整理的技能。

分类归纳典型设计方案与案例。要将具有代表性的设计方案与案例按空间类型进行分类归档。这些典型案例方便新设计项目进行借鉴与参考，特别适合刚入行的新员工。这需要管理团队具有案例评判与归类的能力。

收录新材料、新技术与新工艺。要持续关注市场上新兴的装饰材料、系统设备与施工工艺，进行试用与评估。评估合格的新材料与技术要及时收录进数据库，为未来项目设计和更新提供备选方案。这需要管理团队具有对新技术的敏感度和评估能力。

记录客户信息与反馈意见。要建立客户资料库，记录与企业合作过的客户信息。还要记录客户在使用体验中提出的反馈意见与改进建议。客户信息与宝贵建议有助于更加精准地把握客户需求和期待，为未来设计提供依据。这需要管理团队具有客户信息管理和客户体验分析能力。

汇编行业经验与管理智慧。要记录与项目开发相关的管理经验、技巧与方法等信息，形成行业经验库。还要记录业内专家和学者在讲座与交流中提出的建议与看法，吸收其管理智慧。这需要管理团队具有吸收新知的主动意识。

定期更新与维护。要定期对收录的各类信息资料进行更新与审核，确保信息的准确性与时效性。要清理不再使用的旧信息，增加新近获取的信息。数据库的定期维护可以确保其高效应用价值。这需要管理团队在信息管理维护方面投入一定的时间与精力。

第四部分
住宅环境规划与设计

第十一章 住宅的选址与布局规划

　　住宅选址与布局是城市规划和房地产开发中的关键环节。选址环境优美、布局功能齐全、道路交通发达是规划理想住宅区的三大原则。规划部门要综合考虑这三个方面的条件与要素，采取最佳方式加以设置和布局，使每个居住空间都处于交通便捷、环境宜人、服务密布的地理位置之中，满足人们居住的需求，创造舒适宜居的生活环境。

住宅选址的原则与方法

　　住宅选址要遵循交通便利、环境优美、配套完备、区位优势和场地适宜等原则，借助现场勘察、数据分析、专家咨询、可行性研究以及方案优选等方法进行全面评判和选择。要在理论原则的指引下，通过方法的应用不断搜集信息、综合判断和权衡，最终确定兼顾各方面要求的最优选址方案。

1. 住宅选址五大原则

　　交通便利性原则。要选择交通条件发达、交通设施完善的地段，便于居民通勤出行。可以优先考虑与公路、铁路、地铁等交通干线相近或毗邻的地段。

　　环境优美性原则。要选择自然环境宜人、景观资源丰富的地段，能为居民提供良好的居住环境和休闲体验。可以考虑较为开阔的地段，有天然的山体、河流、湖泊等优美景观。

配套完备性原则。要选择生活设施较为齐全、公共服务较为发达的地段，为居民的日常生活提供便利条件。可以考虑商业设施、医疗卫生、教育学校等公共服务设施较集中的地段。

区位优势原则。要考虑所在区域的经济发展水平、产业集聚程度以及相关配套政策，选择区位优势明显、发展潜力较大的地段。这有利于住宅价值的提升和居民生活条件的改善。

场地适宜性原则。要考虑地形地貌条件、土壤环境质量以及利用面积是否适宜住宅功能，选择场地条件较为理想的地段。要注重选址地段的开阔度、平整度以及抗灾能力等要素。

2. 住宅选址的主要方法

现场勘察法。实地考察各选址方案地段的交通、环境、配套设施以及场地条件，对比分析各地段的优劣，为选址决策提供第一手资料。这需要相关技术人员具有一定的项目调研与评估能力。

数据分析法。收集和分析各选址方案地段的宏观数据，如区域人口、道路网络、公共服务设施分布以及城市发展规划等。定量分析不同方案的投资规模和潜在价值，为选址方案的制定和选择提供理论基础。这需要相关人员具有较强的数据分析与处理能力。

专家咨询法。邀请交通、环境、房地产等领域的专家进行评审，对各选址方案的优劣进行评判和建议，为选址决策提供专业意见。这需要管理团队具有邀请和运用外部专业意见的意识。

可行性分析法。对各选址方案进行可行性研究，从投资规模、运营效益、环境影响以及政策限制等角度判断方案的实施难易度，为选址方案的制定和选择提供重要参考。这需要相关技术人员具有一定的项目管理和评估能力。

方案优选法。综合考虑现场勘察、数据分析、专家咨询以及可行性研究的结果，从交通、环境、配套设施、区位和场地等角度对各方案进行评分和排序，选择得分最高和条件最优的选址方案。这需要管理团队在信息收集和决策判断等方面具有较强的综合素质。

住宅的类型与布局规划

在住宅类型的选择与布局规划中，既要考虑经济效益和市场需求，又要兼顾环境容量和居民利益。只有在城市整体布局和交通骨架的基础上，根据地段特点选择适宜的住宅类型和密度、合理规划功能布局，配置与之相配套的交通、环境与公共服务设施，才能形成交通便捷、环境优美、设施完善的居住空间，让居民享有宜居宜业的生活环境。

1. 住宅的类型选择

住宅的类型选择要遵循以下几个原则。

用地成本。不同类型的住宅对应不同的土地利用密度，如高层公寓占地面积小但可提供更多套房，别墅占地面积大但套房数量较少。要根据用地成本选择能在一定成本内提供更多居住产品的住宅类型。

规划控制。要根据城市总体规划和分区规划的要求，选择符合土地利用强度和空间形态控制的住宅类型。例如，中心城区应选择公寓，而郊区可选择别墅。这需要对相关规划文件有深入理解。

基础设施。不同类型的住宅对基础设施和公共服务的需求不同，要根据周边基础设施的配备状况选择适宜的住宅类型。例如，公寓更依赖公交系统，别墅更依赖道路网络。这需要对项目选址和周边环境做全面评估。

项目定位。不同的住宅类型对应不同的消费层次和生活形式。要根据项目的定位和品牌形象选择能体现项目特色的住宅类型。例如，高端品牌项目宜选择别墅，普通项目可选高层公寓。

2. 住宅的布局规划

住宅的布局规划主要根据以下几个方面进行。

户型组合。要根据不同户型的比例合理规划建筑布局，确定相应的建筑密度和容积率。例如，小户型适合高层公寓，大户型更适合别墅或联排别墅。这需要根据市场调研分析目标消费群体的户型偏好。

空间效率。要在保证居住功能的前提下，采用紧凑的建筑布局，提高土地利用率，但也要避免过度密集，影响居住舒适度。这需要设计人员在空间利用和居住体验之间进行平衡。

日照采光。要根据建筑高度和四周环境采取合理的建筑布局，最大限度地确保每户住宅的日照时间和良好的采光环境。这需要设计人员具有建筑日照与采光方面的专业知识。

景观布置。要根据周边环境资源和项目特色，通过建筑布局的设计营造出优美的景观环境和空间体验。这需要设计人员在建筑功能和美学表达之间达到平衡。

交通组织。要根据道路条件和车位数量采取合理的建筑布局，设置便捷的车行通道和足够的停车位，确保居民出行畅通。这需要设计人员对交通工程和车位数计算有一定的专业理解。

住宅区的道路与交通规划

住宅区的道路与交通规划需要对各个要素进行科学设计。住宅区的道路规划需要对道路网络和分类、道路横断面、车位设置以及交通标识等要素进行系统设计；住宅区的交通规划不仅要保障交通基础设施的便利性，还要对车辆通行和停放实施进行精细化管理。

1. 住宅区的道路规划

道路网络规划。要根据城市主干道路和次干道路的规划，合理设置住宅区内支路与环路，形成兼顾通行和安全的道路网络系统。要注重防火通道和紧急救援通道的设置。道路网应采取网状或树枝状布局，便于出现突发情况时疏散和救援。

道路分类规划。要根据道路的功能定级区分，如主道宽敞畅通，支路安静舒适。不同等级道路采取不同的设计标准，如车道宽度、行人道条件以及限速大小等。这需要规划人员对道路功能分类有清晰和准确的认知。

道路横断面规划。不同等级道路应采取不同的横断面设计。主道应设置隔离的人行道、自行车道和机动车道；支路可根据交通流量设置较窄的车行道和人行道。人行道宽度不低于 2 米，且须设置残障斜道。这需要规划人员对道路横断面的设计标准和要求较为熟悉。

车位设置规划。要根据住宅类型和交通条件设置足够且便捷的车位，包括居民停车位和访客停车位。可设在道路内或道路两侧的停车带内。要控制好车位的数量、规格和出入口设计。这需要规划人员对不同类型住宅的停车需求量有准确认知。

交通标识规划。要在主支路口以及必要路段设置清晰的交通标识，包括交通指示牌、限速标识、让行标识等，指引车辆通行方向和控制车速。这需要规划人员对交通标识的设置标准和要求较为熟练。

2. 住宅区的交通规划

公共交通规划。要根据城市公共交通规划，设置公交车站点或地铁出入口，方便居民使用公共交通工具。站点位置应兼顾便捷性和周边设施完备性。这需要规划人员对公共交通系统的线路和运营状况有较深入的了解。

残障通行规划。要在人行道、公共建筑和公共交通设施内设置斜道、扶手和盲道等无障碍设施，保障行动不便人士的通行权。这需要规划人员对无障碍设施的技术标准有准确的认知。

车辆限行规划。可根据道路条件和交通负载实施车辆限行管理，如限制大型车入内，限定周边居民车辆通行时间等。要选择便捷的管控方式和先进的设备，如自动监测与电子围栏等。这需要规划人员对车辆限行的分类管理与智能化手段有所了解。

停车管理规划。要根据不同类型住宅和道路条件设置匹配的停车位，包括居民车位和访客车位。对停车位要进行规范管理，确定车位布局、规格尺寸、出入口设计和使用性质。这需要规划人员对住宅区域车位数的计算标准和停车位设计有准确的把握。

交通信息规划。要设置路边电子显示屏、网络信息发布等，发布实时交通信息和指引信息。这可以方便驾驶员选择最佳行车路线，避免交通拥堵，加强交通管理。这需要规划人员对智慧交通与信息技术的应用有一定了解。

第十二章　住宅建筑外观设计规划

住宅建筑外观设计应统一考虑建筑风格、色彩运用和标识表达，形成鲜明而富有识别度的项目形象。在风格上要体现地域文化或现代感，在色彩上要和谐省心，在标识上要醒目而不张扬。通过外观的整体构思和统一规划，使建筑群营造出舒适宜人的景观环境，体现开发企业和项目的文化底蕴，满足居民的审美需求，实现建筑功能与艺术形象的高度融合。

住宅建筑风格的设计规划

住宅建筑风格的设计需要在地域文化、景观融合、现代感和功能性等多个方面进行考虑和统一。设计人员要有扎实的专业知识与广阔的文化视野，在创作中达到功能与艺术的高度统一。

1. 地域文化

住宅建筑风格的设计需要考虑项目所在地的地域文化特征，融入本地文化元素，实现建筑与环境的和谐统一。

遗产风情地区应选择古典传统风格，如中式风格、地中海风格和拉丁风格等。通过采用当地常用的建筑形式、色彩和材料等来体现地域人文底蕴。

乡村地区宜选用田园风格和乡土风格，通过模仿当地传统民居的形象特征来体现田园风光，如采用斜屋顶、木质外墙和绿化设计等。

山地地区应选择与山水环境相适应的风格，如现代木结构风格和生态园林风格。通过在建筑空间和立面上采用天然木材和绿植来呈现山水景观的理念。

海滨地区宜选择海洋风格和度假风格，通过采用流线型轮廓、白色外立面和室外阶梯等来体现海滨氛围。

现代都市区可选择现代风格、时尚风格和未来风格等，通过简洁的线条和高科技的立面设计来体现现代都市的高效理性。

其他地区也需要对本地的地域文化和历史遗迹进行提炼，选择适宜的建筑形式和外观。

2. 景观融合

住宅建筑风格的设计还需要考虑周边的自然景观，选择与之相融合的风格。

山林景观宜选择生态型风格，如生态园林风格和乡村风格等。通过采用自然材料和环保理念来呈现山林景观，实现建筑与环境的视觉统一。

湿地景观可选用生态低密度风格，通过采用开放式平面和天然材质来体现景观的空间广阔性和湿润气质。

海滨景观宜选择度假型风格，如新地中海风格和海岛风格等。通过采用白色外立面、流线型轮廓和室外平台等来展现海洋景观，营造度假氛围。

历史街区景观宜选择怀旧风格或古典风格，通过使用当地传统元素如砖石墙面、木窗花格和斜坡屋顶等来呼应周边的历史景观与氛围。

现代城市景观可选用简约型风格，如现代风格、未来风格和极简风格等。通过采用简洁线条、大面积玻璃和高科技外观等来体现城市的现代建筑群与都市景观。

其他景观也需要分析其景观特征，选择相融合的建筑风格和设计。

3. 现代感

住宅建筑风格设计还需要考虑时代特征，融入现代感，使建筑不会过于保守或陈旧。

可在传统风格建筑中融入现代构件，如大面积落地玻璃、简洁线性的阳台和现代材料等，在传统与现代之间形成对比结合，达到传统风格的现代诠释。

可选择兼具传统风貌与现代感的新兴风格，如新古典主义风格、新地中海风格和现代主义风格等。这些新兴风格在继承传统风格的基础上融入现代设计理念，达到传统与现代的完美融合。

现代风格建筑可通过融入人文细节设计来增加现代感与温度，如在玻璃幕墙上添加雕花图案，在楼梯间设置文艺装置等，在现代感中融入生活气息。

可在功能设计和平面布置上采用开放式和连通式的理念，在细部结构上采用流线和折线的手法，以融入现代建筑的空间和形式特征，达到现代居住方式的体现。

高科技外立面设计和智能化设施也可有效提升建筑的现代感，如 LED 屏幕外立面、智能门窗控制和墙面多媒体装饰等，均可体现建筑的高科技与未来感。

选材上可采用人造新材料如钢结构、水泥板、铝合金板和技术玻璃等来代替传统的砖石木材，营造现代科技的视觉体验。

4. 功能性

住宅建筑风格的设计还需要兼顾住宅的实用功能，选择能满足功能需要的风格。

高密度住宅宜选择简洁型风格，如现代风格和未来风格等。这些风格注重空间的高效利用与流畅连接，能够实现高密度住宅的功能性需求。

老年住宅可选用实用主义风格，如现代主义风格和新古典主义风格等。这些风格在美学上简洁大气，在平面设计上注重生活便利性，较符合老年住宅的实用需求。

创意住宅宜选择个性型风格，如摩登风格、新艺术风格和未来主义风格等。这些富有创新性的风格在视觉和空间上具有强烈个性，能够满足创意阶层的非主流需求。

度假住宅可选用滨水型风格，如海岛风格和新地中海风格等。这些风格充分利用水景资源，在功能上提供露台、泳池和码头设施，能够满足度假休闲的功能性需要。

别墅住宅可选用自然生活风格，如田园风格、乡村别墅风格和地中海风格等。这些风格在室内外空间和选材上可以提供自然和生活所需，较契合别墅生活方式的实用需求。

住宅建筑色彩的设计规划

住宅建筑色彩的设计规划需要从风格统一、环境融合、色彩均衡、色彩象征和材质呼应等多个方面进行思考和判断。这需要设计人员具有专业的色彩应用知识、审美思维和对建筑与环境高度敏感的意识。色彩设计应成为建筑设计不可或缺的视觉元素之一。

1. 风格统一

色彩设计需要根据不同建筑风格选择相符的色系和色彩处理手法。要对各种建筑风格有深入理解，在色彩与建筑设计上达成高度的融合，强化项目的整体视觉效果。色彩应成为建筑风格表达的重要视觉语言之一。

古典风格建筑以暖色系为主，如红色、橙色和棕色等，体现建筑的稳重大气。可在建筑物华贵细部采用金色等进行点缀，提升建筑的精致度和层次感。

现代风格建筑以冷色系为主，如蓝色、灰色和黑色等，体现建筑的简洁明快。可在建筑物局部采用鲜艳色彩进行强调，形成视觉的节奏变化。

田园风格建筑以自然色系为主，如绿色和鹅卵石色等，体现建筑的生态特色。色彩应呈现自然的色调变化，避免过于刻意的对比处理。

高科技风格建筑采用理性色系，如银色、蓝色和白色等，体现建筑的未来主义气质。局部可采用鲜明的荧光色或霓虹色进行设计，营造科技感十足的视觉效果。

其他风格建筑也需选择与之相符的色彩，如地中海风情可选用橙色和红色，新艺术风格可选择较强烈的色块等，达到风格的视觉体现。

2. 环境融合

色彩设计与建筑环境之间有着密切的内在联系。要对项目所在地的自然景观和人文环境有深入观察与理解，选择适宜的色系与色彩构成来设计，实现环境与建筑的高度融合。色彩设计应成为体现建筑视觉环境表达的重要手法之一。

自然环境需选择自然融合的色系，如绿色、蓝色和棕色等，营造回归自然的氛围。色彩变化应如同自然景观般柔和渐变，避免过于人工化的强烈对比。

城市环境需选择与城市特征相符的色系，如灰色、黑色和白色等。局部可选择鲜明色彩进行点缀，体现建筑的现代感和节奏变化。色彩设计应呼应城市建筑群的视觉特征。

工业环境可选用朴实稳定的色系，如灰色和黑色等。色彩设计以简洁大气为宜，避免过度华丽精致。以实用主义的审美观衬托周边的工业特色。

历史街区需选择与历史风情契合的色系，如暖色系的红色、黄色和棕色等。色彩变化应基于历史建筑的色彩构成，体现历史文化底蕴和风貌特色。

3. 色彩均衡

色彩均衡设计需要在建筑物的不同立面、构件和细部采用色彩的对比、变化与拼贴手法。这需要设计人员具有较高的色彩感知与运用能力，在变化中达到视觉的和谐统一。色彩均衡设计是实现建筑视觉美感的重要手段。

不同立面需选择不同的色彩，形成立面之间的视觉对比，增加建筑物的立体感和美感。例如，南北立面采用暖色系，东西立面采用冷色系，实现不同印象的色彩对话。

重点部位如入口大堂可选择较鲜明的色彩进行强调，其他部分选择柔和的色彩进行衬托和过渡，营造色彩的层次变化与节奏感。

飘窗和阳台可选择与外立面不和谐对比的色彩，形成色彩的跳跃式变化，增加建筑物的视觉趣味。

顶部设计与底部设计可选择不同色系的色彩，形成上下视觉差异。通常上部选择较轻盈的色彩，底部选择较稳重的色彩。

墙体与细部构件可选择不同色彩，形成整体大气与局部精致的视觉层次差异。例如，外墙选择整体色彩，窗框和扶手选用较细致的色彩进行点缀。

选择不同色彩与色块进行拼贴设计，形成丰富而富有变化的色彩组合，带来建筑物表面的律动感和文艺气息。

4. 色彩象征

色彩象征设计需要考虑色彩的心理与文化象征意义，选择能够体现建筑功能与理念的色彩。要对色彩语言的象征意义有较深入理解，将色彩的感性体验与理性思维相结合，体现视觉表现手段的文化内涵。色彩象征设计应成为建筑空间氛围营造的重要手段之一。

红色象征热情、积极和庆祝，可用于体现乐观向上和节日气氛的建筑设计，如剧院、酒店和文化会馆等。

绿色象征生态、安静和健康，可用于体现生态低碳和休闲养生的建筑设计，如园林绿地和养老院等。

蓝色象征理智、冷静和科技，可用于体现高科技和有理性气质的建筑设计，如科技馆、图书馆和写字楼等。

黄色象征活力、欢乐和财富，可用于体现充满活力和商业气息的建筑设计，如商场、餐厅和娱乐厅等。

银色和金色象征高贵、精致和梦幻，可用于体现高端品质和富丽堂皇的建筑设计，如剧院、酒店大堂和公司接待处等。

黑色象征朴素、稳定和神秘，可用于体现中性大气和时尚摩登的建筑设计，如美术馆、私人俱乐部和精品店等。

白色象征简洁、明快、洁净，可用于体现极简风格和高科技气质的建筑设计，如美术馆、科技公司总部大楼等。

5. 材质呼应

色彩设计需要考虑建筑物使用材质的属性与色调，选择相呼应的色系与色彩。需要对不同材料的色彩特征有较为全面的认知，在材质与色彩之间达到视觉的协调统一，彰显建筑空间的材料美感。色彩设计应与建筑结构材料实现有机的结合。

玻璃幕墙属于透明材质，色彩设计应选择明亮的色系，如白色、蓝色和银色等，强化建筑物空间的通透性和轻盈感。

石材和砖墙属于自然材质，色彩设计应选择自然的色系，如灰色、褐色和米黄色等，体现材质的质朴和厚重感。

混凝土外墙属粗糙材质，色彩设计应选择朴实的色系，如深灰色、墨绿色和土红色等，简约大气以衬托材质的粗犷质感。

金属板属工业材质，色彩设计应选择冷静的色系，如灰蓝色、深蓝色和黑色等，强调材质的理性和实用气质。

木板属温馨材质，色彩设计应选择暖色系，如棕色、红棕色和黄棕色等，营造材质的自然温润感。

水泥板属简约材质，色彩设计宜简洁朴素，如白色、灰白色和米色等，强调材质的极简和质朴风格。

住宅建筑标识的设计规划

住宅建筑标识的设计规划需要在项目定位、建筑特色、尺度把控和素材选用等多个方面进行深化思考和统一规划。设计人员要具备扎实的专业素养、敏锐的空间视觉感和强烈的创新意识。

1. 项目定位

项目定位是影响住宅建筑标识设计的首要因素之一。项目的市场定位要对目标客户群体的消费心理和审美需求有深入理解，选择能够体现项目理念和文化特征的视觉语言进行设计。

高端品牌住宅需选择高贵典雅的设计主题，如"精致生活"、"艺术修养"和"品味生活"等。标识设计以高端质感为主，运用高饱和度的色彩、装饰绘画和金银色相间等手法来彰显品质。

青年创意住宅需选择非主流的设计主题，如"时尚前沿"、"潮流生活"和"个性飞扬"等。标识设计以摩登感和科技感为主，采用明快色彩、动感线条和数码艺术字体等来吸引年轻客户。

家庭住宅需选择生活化的设计主题，如"温馨家园"、"甜蜜生活"和"度假居所"等。标识设计以自然简约和寓意深刻为主，采用暖色系、圆润线条和手写字体等来彰显人文气息。

其他类型住宅也需要根据其市场定位和消费群体选择对应的设计主题和文化内涵。

无论项目定位如何，标识设计的主题和风格都需要与建筑设计保持一致，共同塑造品牌形象与理念。这需要不同专业设计人员进行深入沟通与配合。

2. 建筑特色

建筑特色是影响住宅建筑标识设计的重要因素之一。要对建筑设计的整体风格和特点有清晰的认知，选择能够准确表达建筑特征的色彩、材料、字体和构图来塑造标识效果。

现代风格建筑可选择科技感十足的设计主题，如"科技生活"、"数字阅读"和"智慧家居"等。标识设计可采用线条感强烈的字体、冷色调色彩和铝合金材质等来呈现建筑的现代感。

古典风格建筑需选择历史感浓郁的设计主题，如"传统文化"、"艺术遗产"和"古典气息"等。标识设计可采用古朴质朴的字体、暖色调色彩和石材等自然材料来彰显建筑的历史底蕴。

地域特色建筑需选择体现地方文化的设计主题，如"魅力乡村"、"海岛嬉游"和"湿地生态"等。标识设计需要采用能够呈现地域人文风情的视觉语言来展现建筑的文化内涵。

景观型建筑可选择与周边环境融合的设计主题，如"山水意境"、"生态栖息"和"湿地徜徉"等。标识设计需要采用简洁自然的手法来彰显建筑与周边环境的高度融合。

其他类型建筑也需要根据其设计风格与特征来选择能够体现其设计理念和文化主题的视觉语言。

3. 尺度把控

标识的尺寸应根据建筑入口及建筑体量进行适当放大或缩小，达到视觉上的平衡统一。过小的标识不够醒目，过大的标识又影响建筑物的整体效果。这需要设计人员具有较强的空间感和尺度把控能力。

高层建筑由于建筑体量较大，标识设计应选择较大的尺寸，字体放大、构图扩大、材料加大等，这样才能匹配建筑的总体尺寸，达到视觉协调的效果。

中低层建筑由于建筑体量较小，标识设计应选择较小的尺寸，采用细小的字体、紧凑的构图和适度的材料，使标识与建筑相协调，避免标识过于突兀或被建筑覆盖。

入口处和主要出入口由于视距近和视野开阔，标识设计应较大且醒目，采用大号的字体、醒目的色彩和规则的构图，使标识容易识别和观赏，成为建筑识别的焦点。

建筑侧面和次要出入口由于视距远和视野受限，标识设计应较小且柔和，采用小号字体、中性色彩和不规则的构图，使标识在不影响建筑整体效果的基础上达到识别作用。

景观与环境空间需要考虑标识在其中的尺度与影响，选择能够融入空间的比例和材料等，使标识达到与环境的协调统一。

4. 素材选用

高质量的材料和技艺可以大幅度提高标识设计的整体品质与文化品位。要根据项目的品质要求选择高质量的标识素材，如石材、金属、彩绘玻璃等。素材的质感、色彩和工艺手法应与建筑的材质、色调相互呼应。

高端住宅标识设计宜选择高贵的金属材料，如不锈钢、铜板和铝板等，并采用精密切割、抛光打磨和镀金等工艺手法来彰显高品质。

设计感强的住宅标识设计可以选择新型材料，如技术金属、合成石材和水晶玻璃等，采用现代感十足的数码打印、激光雕刻和色彩喷绘等技术手法来呈现未来科技感。

田园生态住宅标识设计应选择天然材料，如实木、竹篾等，结合手工雕刻、木工打印和藤编织等工艺特色来彰显自然生态的理念。

内部标识可以选择纸质、布质和木质等温和质感的材料，采用丝网印刷、水印和浮雕印刷等柔和工艺来营造空间的温馨氛围。

第十三章　住宅内部环境规划设计

　　住宅内部环境的规划设计，需要从空间动线、功能布局以及环境氛围等方面进行综合考虑。室内家居动线规划设计需要实现开放连贯的空间结构和流畅便捷的行走体验。客厅环境规划设计需营造全家共享的活动聚集区，并体现生活化与温馨的氛围。卧室环境规划设计需要构建私密独立的睡眠区，并营造宁静舒适的体验。厨房环境规划设计需要实现高效实用的功能布局和简洁宜人的烹饪氛围。书房环境规划设计需构建专注办公的工作区，并营造安静充实的学习氛围。卫生间环境规划设计需要实现私密独立的使用功能和整洁卫生的配套设施。室内门形规划设计需要打造个性十足的风格。别墅门形的规划设计需要把握要点。以上诸多方面相互配合，共同塑造舒适温馨的居住体验与家居生活品质。

室内家居动线规划设计

　　室内动线的规划设计，需要实现功能空间的有序连接与人性化行走。这需要从平面布局、空间转换和细部体验进行系统考虑，选择能够实现视觉流畅和舒适便利的设计手法。动线设计应作为影响室内环境的重要因素之一来加以营造。

1. 确定主动线及次动线

主动线为起居空间如客厅、餐厅和厨房之间的连接，需采用最短距离和开阔形式直接连接。主动线宽敞明亮，地面采用大石材或无缝木质地板，营造流畅舒适的通行体验。

次动线为起居空间与书房、客房等次要空间的连接。次动线采用蜿蜒而富于变化的布局，地面铺设地毯以软化步行体验，照明设计弱化直接的空间感。

纵向动线为各楼层之间的连接，楼梯和电梯均为主要动线，需要宽敞明亮的设计，以方便居住者的垂直流线。踏脚采用防滑材质，手扶材质柔软舒适，照明采用漫射式以舒缓视觉体验。

卧室内部动线为衣帽间、浴室和睡眠区之间的连接，宜采用柔和曲折的布局。地毯、照明和隔断柔化空间边界，营造私密安静的氛围。

步行阁楼和地下室等非主要楼层的动线宜采用简洁直接的布局。照明选择嵌入式或筒灯式，地面选择实用抗滑材质，把握次要动线的实用功能。

2. 注重过渡空间的连接和引导作用

门厅起到各空间之间的过渡作用，位置在主次动线相交处或各空间入口处。门厅采用柔和的色彩设计，照明选择嵌入式或间接式，以实现空间的柔性连接。

宽敞的走廊也可作为功能空间的过渡连接区域。照明选择条状式或嵌入式，以扩展空间体验。地面可选择与周边主空间相呼应的材质，优化各空间的边界划分。

楼梯间过渡性较强，也可起到连接各楼层主空间的作用。地面和墙面选择简洁大气的石材，借助楼梯和阳台的平台增强各层之间的连接。

半墙采用不过高的隔断形式，把握空间连贯与部分遮蔽的度量。半墙顶部采用间接照明，墙身采用与相邻空间相呼应的材质或装饰来体现空间的衔接。

敞开式的门洞也可用作简单的空间过渡。门洞宜用宽敞的尺寸，与周边主空间中的门洞位置、材质及装饰实现视觉连贯。门洞照明宜选择嵌入式或壁式。

3. 采用便捷舒适的楼梯和电梯设计

楼梯设计宽阔舒适，步行角度和高低差适度，手扶位置采用防滑设计，安全便利。楼梯照明采用嵌入式或壁式，光线均匀柔和。

楼梯平台引入自然光线，可加入座椅或景观设计，丰富垂直动线的体验。平台照明选择自然采光为主，人工照明作为空间沉淀之用。

电梯设计采用开放式或框架式门厅，方便各层识别和选择。电梯门位置清晰，门口设有指示标识。电梯和门厅采用柔和的人工照明。

电梯和楼梯需要根据建筑结构布局在便利距离内设置。电梯门口设有宽敞的等候空间，楼梯与各层平面空间直接连接。

楼梯转角处宜设置镜面或玻璃隔断，扩大垂直空间感与采光效果。转角处照明选择壁式或吸顶式，避免形成死角。

建筑物高层可选择设置电梯和楼梯，中低层建筑则宜选择仅设置楼梯。高层建筑的电梯和楼梯需要设置在方便和易识别的位置。

4. 用透明隔断实现空间视觉连接

玻璃门是实现空间视觉连接的重要手法。玻璃门采用全透明或部分磨砂玻璃，设置在主次动线之间或非私密空间入口处。玻璃门带有柔和的人工照明或天然采光效果。

半墙隔断高度在 1.2 ~ 1.8 米之间，采用框架玻璃或不锈钢网格材质设计。半墙设置在入口处，起到视觉引导作用。半墙顶端可设置照明，弱化其空间隔断程度。

拱门采用钢结构或木质框架，拱门上设有磨砂玻璃或空心铁艺填充。拱门可设置在主次要空间之间或动线入口处。拱门两侧设有柔和的人工照明或可利用自然光。

可移动隔断采用框架玻璃或折叠屏风，在需要视觉隔断时使用，平时可推至一侧形成开放空间。可移动隔断设置在次要空间入口处或活动区域，其开合度需要根据空间使用情景灵活变化。

隔断材质宜选择透明度高、质感柔和的玻璃、金属网格或视线可穿透的艺术填充物等。隔断色彩则需与相邻空间的色彩设计统一协调。

5. 营造温馨舒适的地面设计

实木地板柔软舒适，具有良好的防滑性能。实木地板深色调温暖，中色调柔和，浅色调开阔，可根据空间用途选择不同色调的实木地板。

地毯采用厚度适中的绒面或羊毛地毯，柔软舒适且防滑性佳。地毯色彩选择米色、灰色及暖色系，图案简洁温馨。地毯适用于活动区、休闲区等空间。

地砖采用彩绘或图案化的陶瓷地砖，设置于门廊、阳台、洗手间等空间。地砖彩绘部分选择植物花卉、小动物等温馨主题，色彩鲜艳柔和。部分地砖可渗透水以防滑。

入口地毯起到擦鞋和减震作用，采用简洁大方的图案设计及深色基调，防滑背胶牢固。

过渡空间如门廊和走廊采用与相邻功能空间地面材质相呼应的设计。过渡空间地毯或地砖跟主空间在色彩及花型上实现渐变，营造空间流畅的体验。

楼梯地面选择防滑且质感柔和的木质、石材或橡胶材质。楼梯转角、踏步前沿需要设置明显的防滑条，以保障使用安全。

客厅环境的规划设计

客厅环境的规划设计需要构建家庭全员的居住体验与生活氛围。装饰和采光需营造温馨舒适的视觉效果。通风和采暖系统需要无障碍而柔和。开放式的功能布局带来宽敞舒适的空间体验。这些因素的协调是否直接影响着客厅空间的品质与氛围。

1. 功能布局

客厅与餐厅及厨房开放连通，消除空间隔断，方便家庭成员的交流互动。这需要考虑不同功能区的开放程度，可选择玻璃门、折叠门或大门洞等隔断形式。

电视背景墙位于开放空间的一端，营造舒适的观影体验。电视背景墙宽敞，可配有周边音响设备。背景墙两侧留有通道，方便不同角度观赏。

沙发采用 L 形或三人式，围绕电视背景墙布置，方便观影和交流。沙发前方茶几高度在 40 ~ 50 厘米，供茶点和杂物摆放。茶几两侧留有足够空间，供人走动和使用。

设有独立的阅读区或娱乐区，供家庭成员休闲娱乐使用。阅读区靠窗布置，采用舒适的扶手椅和落地灯。娱乐区采用方桌和石椅，氛围充满乐趣。

墙体未设置隔断的一侧可设有壁炉，冬天带来视觉和体感上的温暖享受。壁炉前方设有舒适的布艺沙发或扶手椅，方便围炉和交谈。

2. 装饰设计

电视背景墙材质选择天然石材、工程木板或高级墙纸等，质感高雅大气。色彩以深色或中性色调为主，如咖啡色、灰色或棕色等。背景墙需考虑电视机和音响设备的嵌入或挂装形式。

茶几和其他家具选择木质或布艺材质，色彩与电视背景墙和地毯协调一致。家具布局需要结合人体工程学，确保使用空间开阔舒适。

墙面设有节能的壁灯或 LED 吸顶灯，光线柔和充足。灯具样式简洁，与室内装饰风格相融合。开关选择触摸式，方便使用。

地面采用厚度适宜的羊毛地毯或乳胶地毯，提供视觉和踩踏上的舒适体验。地毯色彩选择与墙面、家具协调的色系，花纹简洁流畅。地毯需要考虑其对室内温度和通风的影响。

选择花艺绿植点缀，如兰花、石竹或菊花等，带来自然的生机感。花瓶或花盆选择简洁大方的款式，与室内格调相符。需要考虑植物对室内空气湿度的影响，选择相应的种类。

装饰画选择简洁素雅的风景或静物题材，色彩温和。装饰画尺寸与背景墙、其他家具相衬托，位置摆放均衡且富于层次。

3. 舒适度设计

沙发选择三人座或 L 形结构，坐垫采用弹性适宜的乳胶或棉麻混纺面料，提供舒适的坐感。沙发靠背高度和坐垫深度能够提供较强的回弹支撑，色彩选择中性色系。

沙发前方茶几高度在 40 ~ 50 厘米，能够容纳茶具和其他小饰品。茶几采用木质或石材材质，色彩与沙发、墙面协调。茶几底部采用较宽的支撑，留有使用空间。

设有落地灯或 LED 吸顶灯，光线柔和充足，照射面积覆盖沙发和茶几的使用范围。灯具样式简洁，选择钢质或木质材料，色彩与室内装饰方案相符。

选择石质壁炉或现代式气壁炉，带来明显的热流体验。壁炉前方设有舒适的扶手椅，可以边坐边观赏火焰，营造温馨氛围。壁炉采用防火材料包覆，安全性高。

选择高清大屏幕电视机，将空间变为家庭影院。电视机可选择墙挂或柜体安装，与壁炉、装饰画布局相呼应。电视机需要选择与沙发距离、视角相配套的尺寸，带来身临其境的视觉体验。

地面铺有厚实的羊毛地毯，踩着舒适柔软。地毯选择与沙发、墙面色彩相呼应的颜色，提供统一和谐的视觉效果。

4.采光设计

开放式空间采用大面积落地窗，使自然光线充足，营造开阔舒畅的空间感受。窗户采用低导热系数的材料，提高保温性能。

落地窗选用全透明或部分遮光的玻璃，控制自然光透入量。遮光部分采用柔滑的窗帘，色彩选择与室内装饰色调相呼应的色系及花纹。窗帘开合灵活方便，既可完全遮光也可部分遮光。

人工照明选择LED吸顶灯、落地灯和壁灯，设置在沙发、茶几等空间。灯具样式简洁，与室内装饰风格相融合。光线预设不同场景模式，既可以提供较强的照明，也可营造氛围照明。人工照明与自然光线过渡自然，以人为主导。

顶部采用漫反射材质的光板，使自然采光在开放空间内部均匀分布。光板材质柔软，不产生强烈的光反射，同时保证一定的光线透射率。

楼梯转角处设置镜面或半透明的玻璃隔断，使自然光线涌入每个层面和角落。隔断位置精心设置，既不影响人行动而又使光照最大限度地渗入内部。

在夜间或密集采光情况下，可选择自动化的电动帘或百叶窗系统，通过遥控或感应器自动开合。这需要考虑电动设备对空间美观度的影响及成本投入等因素。

5. 通风设计

开放式空间采用大面积的落地窗，有利于自然通风。可选择朝外或中庭的布局，利用空气的流动原理，实现空间的连续通风。

窗户采用可开启的平开窗或推拉窗，以手动或电动方式灵活开合。窗户开度至少达到室内空气总量的 25% ~ 30%，以保证有效的自然通风。

集中空调出风口或散热片安装在天花板四周，出风方向向下，出风气流通过沉降达到间接加热（或制冷）的效果。出风口格栅采用隐蔽式或与天花板一致的色彩，不影响空间美观。

可选择地板辐射采暖作为辅助系统，舒适的辐射热使空间里外温差减小，有利于自然通风。地暖管道埋设于地面下，发热均匀柔和。地板材质选择导热性良好的石材或瓷砖。

壁炉也可以用作采暖系统，通过热对流方式加热空间。壁炉采用防火石材或金属包覆，以保证使用安全。壁炉前方设有耐热的石、砖或瓷砖装饰，增强热量储存。

可以安装使用室内空气质量监测系统，实时监测温度、湿度及 VOC等指标，以保障室内空气合格和舒适。监测系统设置于墙面或吊顶，数据实时显示于中央控制屏幕。

卧室环境的规划设计

卧室环境的规划设计需要满足睡眠休息的功能，装饰采光和通风选择能够营造舒适温馨的氛围。床具、床品、隔音装置等这些要素的配置，需要综合考虑使用需求与预算，选择高品质且功效良好的产品方案。

1. 功能布局

床应选择房间的中心位置，使人上下床时方便舒适。床的尺寸根据房间面积和使用人数来确定，一般在 1.5 米 ×2 米到 2 米 ×2.2 米。床应采用四脚支架式，床框选择木质或金属材料。

床的两侧设置床头柜，高度在 50～70 厘米，提供存储空间。床头柜采用与床脚、装饰面板相呼应的款式和材质。床头柜上方设有装饰灯和读书灯，采用柔和的照明。

窗边空间布置一张睡椅或靠背椅，形成独立的靠窗睡眠区或雅座阅读区。这些区域使用舒适的床垫、抱枕和毛毯，可以在白天休息或阅读。

卧室采用大面积的窗户，使自然光线充足。采光窗选择推拉窗或落地窗，开启后具有通风功能。窗户四周留有适当的间隙，保证日常的采光通风。

卧室门的位置选择床位对面的一侧，与床背景墙相呼应。门的形式可以选择实心门或有百叶片的门，具有一定的通风和遮光作用。门内侧预留空间放置衣帽间。

可以选择使用室内空气质量检测系统，监测温度、湿度和 VOC 指标，确保空气质量适宜。检测仪可以设置在墙面或吊顶上，显示屏安装在床头方便观看。

2. 装饰设计

墙面色彩选择柔和的米色、蓝色或淡紫色等，采用乳胶漆或壁纸。色彩需要与床上用品、地毯协调一致，营造整体柔和的视觉效果。

床头墙选择木质装饰面板、天然石材或高级壁纸等材料。面板可以选择枫木、橡木或胡桃木等实木贴面，自然质朴。石材选择白色大理石或花岗岩等，质感细腻。高级壁纸选择搭配床头柜使用，以便于与墙面其他区域区别开来。

地面选择柔软的地毯或实木地板，提供舒适的踩踏体验。地毯采用面料柔软、厚实的产品，色彩与墙面、家具相协调。实木地板选择橡木或枫木地板，安装后进行上漆或上蜡处理，色泽自然明亮。

天花板装有柔和的 LED 吸顶灯，或选择壁灯照明。灯具样式简洁，与房间装饰风格相符。可选择带有调光功能的产品，灵活变化光线效果。

装饰画或装饰用镜选择简洁的风景或花卉主题，色彩温和。安装于床头墙或睡眠区，与空间尺度、装饰面板相衬托。

选用高雅简洁的花瓶和绿植，如兰花、石竹或蕨类植物等，点缀生机与自然气息。绿植选用无毒无刺的种类，摆放在窗台或梳妆台上。

3. 舒适度

床垫选择乳胶床垫或独立弹簧床垫，提供舒适柔软体验。床垫的高度一般在 20 ~ 30 厘米，与床脚高度的选择相匹配。床具选择市面上性价比较高的产品。

床品包括床单、被罩、被子和枕头等，选用棉麻或天丝等柔软面料。被子选择羽绒被或空调被，根据个人喜好选择适宜的厚度，保证睡眠的质量和舒适度。

加热器选择电热毯或红外线加热器，根据需要在床前或窗前使用。加热器功率适宜，使用方便灵活。冬季可以选择地暖作为主要供暖系统。

窗帘选择遮光功能优异的材质，白天可以完全遮光，营造宁静空间。窗帘材质采用柔软舒适的布料，推拉或电动开合方便。

床的高度选择普通高度，一般在 45 ~ 55 厘米，上下床方便舒适。床框采用实木材质，结实耐用。

4. 采光设计

采用大面积的窗户，使自然采光得以充分进入室内。窗户推荐使用白玻璃或低辐射玻璃，使光线透入量大而且防止热量逃逸。

遮光窗帘选择高遮光性的布料，白天遮光效果良好。

顶部设有柔和的 LED 吸顶灯，提供整体照明。吸顶灯采用带有调光功能的款式，可以按需调节光线亮度。顶灯设置在床中心上方，照射范围覆盖整个卧室空间。

可在床头墙或衣柜上方增加照明，起到装饰和夜间照明的作用。这些照明采用壁式或吊灯式，照明范围局限在柜体或床头上方。采用调光 LED 灯源，亮度柔和效果佳。

窗台或床头柜也可以设置台灯，在夜间起到氛围照明的作用。台灯选择简洁大方的款式，灯罩内使用 LED 灯珠，亮度调节自由灵活。

墙面也可设置多个控制开关，分别控制吸顶灯、壁灯、台灯和夜灯等，可以灵活组合不同的照明效果。遥控器则可以集中控制整个空间的照明。

5. 通风系统

大面积的窗户采用可开启的形式，如推拉窗或平开窗，可以实现有效的自然通风。窗户材质选择高密封性能的材料，关闭时隔热效果良好。

空调系统采用吹风口沉降的方式，空气流动柔和温差小。空调机设置于卧室外或隔壁间隙，采用低噪声设备，不影响睡眠质量。

可选地板辐射采暖作为辅助采暖方式，工作原理为利用地板辐射热对空间进行加热。地暖管道埋设于地面下，温度可自由调节至理想状态。

卧室门采用有通风孔的实心门或百叶门，白天可以实现一定程度的自然通风。门与地面之间留有一定间隙，方便空气流通。

6. 隔音装置

墙体采用双层石膏板或木质隔断装饰板，空隙内填充隔音棉或矿棉，改善墙体的隔音性能。内墙与外墙之间留有一定空隙，方便隔绝外部的噪声干扰。

地面选择实木复合地板或高密度地毯，这些材料具有一定的隔音功能。地板或地毯与墙体之间采用隔音胶条，阻隔声音的传导。

门采用实心木门或钢化门，门板厚度在50毫米以上，隔音效果好。门与地面以及门框之间加设橡胶条，阻止声音的侵入。

窗采用双层中空玻璃或三层中空玻璃，玻璃厚度为 6 ~ 8 毫米，具有较好的隔音性能。窗框采用双层填充结构，内外窗框之间夹有软性隔音材料。窗与墙体之间使用橡胶条密封，防止噪声传导。

管道和空调设备尽量远离卧室。如果必须通过卧室，管道和设备选择安静型，使用时产生的噪声较小。管道采用双层包覆结构，紧固部位使用防震支架，减少噪声发生。

电源开关和插座设置于床头附近，使用时不产生过大噪声。这些设备选择防漏电型，保证使用安全。线路采用双层护套，减小电磁噪声的影响。

厨房环境的规划设计

厨房环境的规划设计应实现烹饪餐饮功能与美观舒适的均衡。布局、采光与设备的选择直接影响使用效率。装饰材质应防水耐脏，方便清洁维护。采暖通风系统应防止油烟和异味扩散。隔音处理需要减小设备噪声对就餐区的影响。这些要素的配置应综合考虑人体工程学、预算与设备性能要求等因素。

1. 功能布局

直线布局。炉灶、水池和储物空间分别设置在三面墙，工作台面在中心，动线清晰且操作方便。餐桌设置于工作台后方或一侧，方便取餐。这种布局空间利用率高，适合狭小的厨房。

L形布局。炉灶和水池分别设置在两面墙上，餐桌置于内角空间，实现烹饪与就餐的功能结合。储物间设置于餐桌一侧，使用方便。这种布局较直线布局更加人性化，但空间利用率略低。

2. 装饰设计

墙面全部铺设瓷砖，选择防水防脏的型号，深色瓷砖更易于维护。墙面与地面连接处使用瓷砖装饰条，美观且防止渗水。

地面选择防滑瓷砖或地毯，相比而言，瓷砖更加耐用，而地毯感观较好。地面与墙面过渡处使用不锈钢地踢线条或地毯边条，美观整齐。

上方照明及装饰采用抽油烟机、吸顶灯和不锈钢架。抽油烟机设置于炉灶上方，引导油烟和异味排出。吸顶灯采用水性 LED 灯。不锈钢架可装饰空间并放置锅具。

墙面照明采用 LED 灯带，设置于橱柜下方，起到照明及装饰作用。

挂架、吊顶选择不锈钢或铝材料，与墙面、地面材质相协调。

橱柜选择不锈钢或烤漆板材，与空间装饰风格相符。高柜可存放较少使用的物品。底柜和抽屉柜用于存放常用物品，拉手式更加人性化。

3. 采光通风

采用大面积的推拉窗，使自然采光最大限度地进入室内。推拉窗采用防火双层中空玻璃，隔热性能良好。窗台位置较低，有利于采光。

人工照明采用 LED 吸顶灯，设置于空间中心，提供平衡的整体照明。也可选择使用埋灯，光线柔和，效果较佳。

工作台采用射灯或吊灯式射灯，满足操作和处理食物时的照明需求。射灯采用 LED 灯源，采用温暖色系，更适宜厨房空间。

墙面设置多个照明开关，可控制吸顶灯、吊灯和工作台面灯等，使用更加灵活方便。也可在墙体设置通风口或使用排气扇提高空气流通效果。窗口上方及橱柜里设置排油烟机，将油烟和异味排出。

地面设有排气口，将废气引出室外。排气管道选择不锈钢材质，防止生锈。地面与墙上的过渡处采用不锈钢通风条，美观防水。

4. 设备配置

炉灶选择四头电磁炉或中西结合式，可满足中餐和西餐的烹饪需求。选择带有定时功能和平衡操作面板的型号，使用方便安全。

配置高性能的抽油烟机，选择静音式的机型，使用时噪声小。抽油烟机的排风管采用不锈钢材质，防止生锈。油烟排出口与窗户或墙体通风口相连，以利于油烟排出。

配置可燃气体报警器，当厨房内气体达到报警浓度时发出声光报警提示，使用安全。报警器选择互联式，报警信息可同步至手机进行监控。

水池深度不小于200毫米，台面选择天然石或人造石材料，重量感强且耐脏。双槽设计，可同时满足清洁食物和清洁餐具的需求，使用更方便。

冰箱选择两门对开式，容积在300L以上，可满足3～4人家庭的存储需求。选择带有变温室和吸气功能的型号，保存食物更加新鲜。

烤箱选择带有变温和定时功能的中西结合式，可烤制中餐和西餐。容积在60L以上，可同时烤制2～3盘食物。烤箱采用高精度温控技术，温度控制精准。

5. 材质选择

吊顶主要涉及抽油烟机和金属网架。抽油烟机选择不锈钢材质，防止生锈。金属网架也使用不锈钢材料，可方便悬挂厨具和餐具。

餐桌采用人造石材台面，防水防污且易维护。桌腿选择不锈钢或烤漆合金材料。椅子选择包覆真皮或人造皮的金属椅，防水性好，更易清洁。

工作台采用黑色人造石或大理石材料，厚度在20～30毫米，重量感强且耐用。工作台面和后面墙体之间留有一定空间，易于清洁。

橱柜和储物空间选择烤漆合金或不锈钢框架，门板使用高密度板材或实木板材。拉手及五金件使用不锈钢材料，美观耐用。

6. 隔音采暖

地板辐射采暖系统管道埋设于地面，用于对空间进行整体加温，温度分布均匀舒适。可选择电能、水能或太阳能作为辐射采暖系统的热源。

储物空间采用半隔断结构，使用不透明和隔音效果良好的板材将空间做部分隔断。板材与墙体留有一定缝隙，方便通风且利于隔绝部分噪声。

门采用实心防火门，门板选择高密度或中空夹芯板，厚度在 40～50 毫米，隔音效果良好。门与地面之间采用密封条，阻隔噪声侵入。

管道和空调设备尽量远离餐厅和客厅。管道选择双层包覆结构，中间填充隔音棉，减少噪声传导。空调设备选用静音型，运行时噪声较小。

电源线路和插座选择带有防雷电和滤波功能的型号，可减小电磁噪声的影响。电线采用双绝缘护套，提高防漏电性能。

书房环境的规划设计

书房环境的规划设计应达到工作、学习与休憩需求的平衡。采光通风系统、地板采暖系统、设备与材质的选择、布局、隔音与装饰设计等，这些要素的设计应根据书房规模和具体使用功能进行有针对性的优化。

1. 功能布局

L形布局。书架和工作台设置在两面相连的墙上，中间空间作为通道和休息区。这种布局的优势是空间利用率高，功能区分明，适用于较小的书房空间。

工字形布局。书架设置在一面墙上，工作台和休息区分别设置在另两面墙上。通道位于空间中央,各功能区相互独立但毗邻连接。这种布局在视觉上更加开阔,但空间利用率略低于 L 形布局。

2. 装饰设计

墙面采用涂料或墙纸,颜色选择暖色调,营造舒适温馨的氛围。墙面与天花板过渡处使用装饰线条,平滑衔接。

天花板采用白色涂料简单粉刷。也可选择使用极简装饰的云石板或镂空板材,装饰效果和采光导入均衡。

地面采用深色实木地板,踏步感柔和,温度适宜。也可选用文化砖或高级定制地毯,质感高,错落感强。过渡条使用与地面材料相近的木条或踢脚线。

照明主要采用吊顶式 LED 射灯,光线柔和均匀。阅读区和工作区各一盏台灯,可调光灵活满足使用需要。

电源插座采用线槽式隐蔽安装,视觉干扰最小。桌面使用桌面式多功能插座,满足办公设备的使用需求。

3. 采光通风

采用大面积的推拉窗或落地窗,使自然采光最大限度进入室内。玻璃选择隔热中空玻璃,遮阳采用内挂帘和百叶帘相结合。

窗台采用宽敞的设计,可作为摆设或休憩空间。与地面之间留有一定空隙,采光效果更佳。窗台高度控制在 600 ~ 800 毫米,可坐可立,更加人性化。

门采用双开推拉门,与室外走廊或露台相连。采用防火门与预留电缆管道,满足安全和使用需求。门两侧设置侧窗,采光效果更佳。

中央空调主机尽量设置在室外或吊顶上方,采用静音机型,运行时噪声小。空调出风口选择埋入式,出风效果柔和不直接。

4. 设备配置

书架选择实木落地书架，单元宽度在 900 毫米以上，层数在 6 层以上，可以大容量存储图书。书架前设置一个弧形或 L 形的休息沙发，体现灵活的空间配置。

工作台面选择实木桌面，桌面高度控制在 750 ~ 800 毫米之间，空间感开阔舒适。工作台面采用双人位或三人位的设计，满足空间的需求。

桌子采用实木框架或桌腿，采用防潮防水的涂料或双层包覆工艺处理，使用寿命长。也可选购金属桌腿，位置稳定且可拆卸。

办公椅采用网面或 PU（聚氨基甲酸酯）包覆的，舒适且易清洁。也可选真皮办公椅，舒适性高，但价格较高。办公椅采用五星支撑底座，更加安全稳定。

休息区沙发选择真皮绒面或布艺沙发，柔软度高，舒适性好。也可选丝绒或羊毛面料，使用体验更佳，但价格较高。茶几采用金属或实木框架，面料与沙发相呼应。高度略低于沙发坐垫，使用更加便捷。

5. 隔音采暖

地板辐射采暖系统管道埋设于地面以下，热量向整个空间辐射，温度分布均匀舒适。温水和电能等均可作为动力来源。

门采用实心防火木门，厚度在 40 ~ 50 毫米之间，具有较好的隔音效果。门与地面之间采用密封条，隔绝噪声侵入。

窗采用双层中空玻璃或三层中空玻璃，隔热隔音效果显著。三层中空玻璃隔音效果最佳，但成本较高。

卫生间环境的规划设计

卫生间的规划设计应满足人体工程学和美观舒适的要求。空间布局直接影响使用效率与通透度。地面和墙面的防水防滑处理关系到空间的安全使用。设备和管线的选择直接影响卫生间的使用功能与美观度。这些要素的设计应根据空间面积和预算进行具体分析和规划。

1. 功能布局

一字形布局。洗手台、马桶和浴缸（或淋浴区）依次排列在一面墙上，空间利用率高但使用不太方便，适用于较小空间。

重叠布局。洗手台和马桶设置在一面墙，浴缸和淋浴区设置在另一面墙。这种布局使用区更加私密，但转角空间利用率较低。通常用于中等以上大小的卫生间。

使用区。洗手台、马桶和浴缸（或淋浴区）的设置区域，要确保满足人体工程学，相互之间设置合理的活动空间。

储藏区。设置在洗手台下方或马桶旁，用于放置洗漱用品和卫生纸等物品。也可在浴缸旁或淋浴区外设置更大的储藏间，放置大件淋浴用品。

帘子和玻璃门。在洗手台、浴缸或淋浴区之间设置，可以划分使用区和保证使用的私密性。

镜子。设置在洗手台上方，采用防雾玻璃镜，美观且使用方便。镜面面积要满足需要，且照明设备应在镜子两侧设置。

2. 装饰设计

墙面采用瓷砖或立体吸音砖等。色调选择淡色系，拼花与镶边令空间更精致。瓷砖采用绝缘防潮材质，可直接烤漆或贴上瓷片装饰。

天花板以防潮绝缘夹芯板为基础，外包装选择漆面或瓷砖面。简单的白色涂料也可以满足要求，成本更低。过渡到墙体处采用装饰线条，平滑衔接。

地面以防滑砖和防水砖为主，砖面采用粗糙的耐磨镶边或麻面，防滑性高。地面与墙面过渡部位采用深色边线，视觉上可以扩大空间。

照明采用 LED 吸顶灯或吊灯，光线柔和均匀。顶灯开关设置在进门处，方便控制。

进门处可选择设置一个装饰性小屏风，起到遮挡和装饰的作用。屏风选择与空间风格相近的材质。

3. 采光通风

设置窗户或天窗引入自然采光，玻璃采用翻转或推拉开启，通风采光更佳。也可在顶部设置光管引入采光。

顶部设置集中式排气扇，有利于浴室内蒸汽和异味排出。排气扇采用静音型号，运行时噪声较小。

配套设置新风系统，在洗手台或淋浴区上方设置新风入风口，保证室内空气流通度高。新风风机位于天花板空间或墙体外，一般采用静音型号。

4. 材质选择

墙面和地面主要采用瓷砖，防水防潮且易于清洁。也可选定制玻璃砖或淋浴门，高端奢华，但成本高。

洗手台面采用人造石材如云石或大理石，质感高档，亮面易于清理。可选不锈钢或陶瓷洗手台，功能性更强，但美观度略低。

浴缸选择天然石材如大理石，高端大气。也可选人造石材或钢质浴缸，是质感与价格之间的折中选择。

门采用防水木门或玻璃门，配合密封条使用。防水金属门也是可选项，但触感较硬。

家具如架子、椅子等选择防潮性强的材料如人造板材、不锈钢或烤漆木料等。避免选用天然木料，防潮性相对较差。

插座和开关选择防水型号，并采用防潮箱体安装。一般隐蔽在柜体后方，使用方便且不影响美观。

5. 设备配置

悬浮马桶更加人性化，坐便高度更加舒适自然。也可选普通地面马桶，成本更低，但舒适度略差。马桶采用防溢水设计，操作简单方便。

智能恒温热水器可以精确控制出水温度，使用更加舒适。普通热水器成本更低，但功能单一，出水温度控制不太精准。热水器选用高效节能型号，使用成本更低。

浴缸可选按摩式或涡流式水疗浴缸，使用体验更加好。普通浴缸功能较为单一，价格也较为低廉。浴缸尺寸要根据空间大小选择，方便使用且不会过分占用空间。

淋浴花洒可选普通类或 LED 数字花洒，后者使用舒适度更高，但成本也较高。花洒选择带有手持式的，使用更加灵活方便。

吹风机和洗衣机设置在洗手台下方或柜体内，不影响洗手台的使用空间。选用静音型号的产品，使用噪声更小。

6. 管线设置

暗管排水方式将管道安装在地面下方或墙体内部，管线不外露，美观整洁。外露管道成本更低，但容易堵塞，维护难度大且影响观瞻。

暗藏供水方式将管道安装在墙体内部或地面下方，管道不外露。外露管道容易在表面留下水印，美观度较差。暗藏管道安装难度较大，成本也较高。

电器线路采用明管安装，将线路设置在地面或墙面表面。也可选用暗管线路，将线路隐蔽设置于墙体内。明管线路成本较低但是不美观，暗管线路美观，但工程难度大。

管线转角处设置弯头并封好，防止渗漏。所有管道和电线连接处都需要严密封装，使用更加安全。

浴缸、洗手台排水部位设置排水口和水罩，美观整洁，且防止异物进入管道。

室内门形的规划设计

住宅的门包括室外的大门和室内的房门，这里讲解室内门形的规划设计。不同类型的室内门，有不同的功能和视觉上的考虑。随着现代人们对居住生活品质的要求不断提升，昔日平常的房门也变得丰富了。在越来越丰富的设计中，室内门的造型千变万化，但是其本质没有改变，仍然是分割空间的工具。下面就给大家讲解推拉门、谷仓门、隐藏门、平开门、中轴转门、子母门这六种室内门形的规划设计方案。

1. 推拉门的规划设计

推拉门，是一种常见的房门，其优势在于节省室内空间并具有良好的美观性。在规划设计推拉门时，尺寸是首先需要考虑的因素，因为推拉门需要有足够的空间来移动。根据实际情况，确定门宽和门高，以确保门能够顺畅地开启和关闭。此外，还应该考虑到门框的尺寸，以确保门框与门的大小相匹配。

材质也是一个重要的考虑因素。推拉门通常由木材、铝合金或玻璃制成，每种材料都有其独特的外观和特点。例如，木材的推拉门具有温暖和自然的外观，而铝合金的推拉门则更加耐用和稳定，玻璃推拉门则可以为室内带来更多的光线和通风。

除此之外，还应该考虑门的功能。推拉门可以作为隔断使用，也可以作为房门使用。如果是作为隔断使用，需要考虑到门的隔音效果和隐私性。如果是作为房门使用，需要考虑到门的安全性能和易用性。另外，推拉门的细节设计可以为门增添更多的美观性和实用性。例如，可以添加滑轮以提高门的移动性能，或者在门上添加装饰性图案来增加门的装饰效果。

2. 谷仓门的规划设计

谷仓门是一种具有独特造型和复古韵味的门，在规划设计谷仓门时，尺寸是非常关键的因素。由于谷仓门的形状和大小比较特殊，因此需要根据实际情况确定门的尺寸，以确保门的尺寸与门洞大小相匹配。此外，还需要考虑到门扇的厚度和重量，以确保门能够顺畅地开启和关闭。

材质也是一个需要考虑的因素。谷仓门通常由木材或金属材料制成，每种材料都有其独特的外观和特点。例如，木材谷仓门具有温暖和自然的外观，而金属谷仓门则更加耐用和稳定。在选择材料时，还需要考虑到门的用途和使用环境，以确保门的质量和耐用性。

除此之外，还应该考虑到门的功能。谷仓门通常用于卫生间、卧室或书房，因此需要考虑到门的隔音效果和隐私性。如果需要增加隐私性，可以在门上添加隔音材料，以达到更好的效果。谷仓门的细节设计可以为门增添更多的美观性和实用性。例如，可以在门上添加装饰性图案或者使用不同的颜色和材质组合，以增加门的装饰效果。此外，还可以添加滑轮或其他装置，以提高门的移动性能和易用性。

3. 隐藏门的规划设计

隐藏门也叫"暗门""隐门"，是一种独特的门，它可以与家具融为一体，使得家居空间看起来更加清爽简洁。在规划设计隐藏门时，需要考虑隐蔽性。隐藏门需要完全融入墙体或家具中，避免暴露出门的痕迹。因此，在规划设计时，需要考虑到门的位置和墙体或家具的结构，以确保门可以完全隐蔽。

开启方式也是需要考虑的因素。隐藏门可以使用推拉、旋转或伸缩等方式进行开启，因此需要根据实际情况选择最适合的开启方式。例如，对于需要频繁使用的门，可以选择推拉或旋转式的开启方式，以提高门的易用性。

除此之外，还应该考虑门的材质和装饰性。隐藏门的材质应与墙体或家具相同，以达到更好的隐蔽效果。虽然隐藏门看起来很神秘，但是在实际使用中，需要确保门的安全性能，例如，可以在门上安装门锁或其他安全装置。

4. 平开门的规划设计

平开门是我们日常使用最频繁的门之一，它的规划设计首先需要充分考虑尺寸的因素。平开门的尺寸需要根据实际情况确定，以确保门的大小与门洞相匹配。其次还需要考虑到门扇的厚度和重量，以确保门能够顺畅地开启和关闭。

平开门通常由木材、铝合金或玻璃等材料制成，每种材料都有其独特的外观和特点。铝木门采用铝合金和木材的结合，具有更好的耐久性和稳定性，同时还能保持木材的自然美观。在选择材料时，需要考虑到门的用途、使用环境和装饰效果等因素。

平开门通常用于房间之间或房间与室外的隔离，因此需要考虑到门的隔音效果和隐私性。如果需要提高隔音效果，可以在门上添加隔音材料。平开门的细节设计可以为门增添更多的美观性和实用性。例如，可以在门上添加装饰性图案或者使用不同的颜色和材质组合，以增加门的装饰效果。此外，还可以添加门把手、门锁等装置，以提高门的易用性和安全性。

5. 中轴转门的规划设计

中轴转门是一种独特的门，其规划设计同样首先需要考虑尺寸因素。中轴转门的尺寸需要根据实际情况确定，以确保门的大小与门洞相匹配。其次还需要考虑到门扇的厚度和重量，以确保门能够顺畅地旋转和开启。

中轴转门通常由木材、金属或玻璃等材料制成，每种材料都有其独特的外观和特点。在选择材料时，需要考虑到门的用途、使用环境和装饰效果等因素。

除此之外，还应该考虑到门的功能和安全性。中轴转门的旋转和开启方式需要考虑到门的稳定性和易用性，因此需要选择高质量的铰链和其他装置。

中轴转门的细节设计可以为门增添更多的美观性和实用性。例如，可以在门上添加装饰性图案或者使用不同的颜色和材质组合，以增加门的装饰效果。此外，还可以添加门把手、门锁等装置，以提高门的易用性和安全性。

6. 子母门的规划设计

子母门也叫"母子门"，通俗来说就是步入屋内的第一道门。子母门一般门洞宽度较大，为了整体美观度，门扇设计成一大一小的子母形式，设计时，在门宽度大于普通的单扇门宽度（80 ~ 100 厘米）而又小于双扇门的总宽度（200 ~ 400 厘米）的情况下，可以选用子母门。平时人们正常进出，可开双扇门中的一半通行。当需要通过家具等大物件时，可以全部打开。

材质也是一个需要考虑的因素。子母门通常由木材、金属或玻璃等材料制成，每种材料都有其独特的外观和特点。在选择材料时，需要考虑到门的用途、使用环境和装饰效果等因素。

子母门的设计也要考虑到门的开启方式和稳定性，因此需要选择高质量的铰链和其他装置，以确保门的安全性和稳定性。此外，还需要考虑门的隔音效果、隐私性和细节设计。

别墅门形的规划设计

别墅门形的规划设计应该符合别墅的整体建筑风格和设计理念，同时考虑到实用性和美观性。以下几种别墅门形需要熟知并把握其规划设计要点。

1.拱形门的规划设计要点

拱形门是一种古典美学的代表，常见于欧式别墅和中式园林等建筑风格中。拱形门的设计应该根据别墅的整体建筑风格和设计理念来确定。如果别墅采用了欧式建筑风格，可以选择高耸的拱形门来增加宏伟感；而如果采用了中式园林的风格，可以选择低矮的拱形门来增加亲切感。此外，拱形门还可以根据需要进行装饰，如在门顶加上雕刻、花纹或者颜色等元素来增加视觉效果。

2.直线门的规划设计要点

直线门是一种简约美学的代表，常见于现代建筑风格中。直线门通常是简单的直线形状，没有太多的装饰，但可以通过选用不同的材料和颜色来增加视觉效果。例如，可以选择黑色金属材质的直线门来增加现代感，或者选择木质材料的直线门来增加自然感。

3.弧形门的规划设计要点

弧形门是一种流畅美学的代表，常见于现代建筑和中式园林等建筑风格中。弧形门可以采用各种不同的弧度和曲线来进行设计，以适应不同的建筑风格和设计理念。例如，可以选择光滑的弧形门来增加现代感，或者选择弧度较大的弧形门来增加流畅感和柔和感。

4. 方形门的规划设计要点

方形门是一种简单实用的门形，适用于各种建筑风格。方形门可以根据需要进行装饰，如在门上雕刻花纹、添加颜色或者使用不同材质等元素来增加视觉效果和美感。此外，方形门还可以根据需要进行设计，如选择双开门或者单开门等不同的形式。

第十四章　家居色彩搭配与设计

　　家居色彩搭配设计需要考虑多种因素，不同的环境空间有不同的搭配原则和设计方法。家居色彩的选择受家居风格、空间功能、居住者性格等主客观因素的影响。色彩设计方法包括单色搭配、互补色搭配和类比色搭配等。在具体的设计中，要综合考虑空间面积、采光条件、家居风格以及居住者的偏好，选择最为协调的色彩设计方案。

家居色彩的影响因素

　　家居色彩设计是一门环境美学，需要综合考虑个人喜好、空间大小、功能区隔、光线条件、装修风格和流行趋势等诸多因素。只有在这些因素达到最佳平衡后，家居色彩设计才能营造出舒适愉悦的居住空间。

1. 个人喜好

　　个人对色彩的喜好直接影响家居色彩的选择，暖色调或冷色调都与个人审美情趣相关。

2. 空间大小

　　空间大小会影响色彩的选择，较小空间宜选择较清新的色彩，使之看起来更开阔；较大空间可以选择较暖的色彩。

3. 功能区隔

不同的功能空间对色彩有不同要求，如卧室宜选择安静舒缓的色彩，客厅可以选择较明快的色彩。色彩的选择需要考虑不同空间的功能及互动。

4. 光线条件

自然光条件好的空间可以选择较深的色彩，自然光较暗的空间宜选择较明亮的色彩，以增加光感和空间的开阔度。

5. 装修风格

不同的装修风格如现代简约、新古典、田园风格等对应不同的色彩体系，色彩的选择需要综合考虑装饰的整体效果。

6. 流行趋势

每年会有不同的色彩流行趋势，这也会影响到家居色彩的选择，特别是客厅和卧室的色彩设计。需要在个人喜好和流行趋势之间寻找平衡。

家居环境的不同色系搭配原则

家居色彩的选择受到家居风格、空间功能、采光条件、居住者性格、装修预算等多种因素的影响。在具体的设计中，这些因素会相互作用，需要选择最为协调的色彩设计方案。

1. 家居风格对色彩选择的影响

中式家居。选用深色木料和具有中式装饰元素的家具。色彩选择也以深色调为主，如绛红色、古典棕等，这些色彩能够营造出古朴典雅的氛围。

现代家居。现代家居多为简洁、开放、明快的风格，色彩也以明亮的色系为主，如米色、灰色、蓝色等冷色调和橙色等暖色调。家具采用线条简洁的欧式现代风格，色彩也以简明的色彩为主。

田园家居。田园风格注重自然天然的氛围，色彩以绿色、蓝色以及自然材质的木色和石色为主。家具也使用草绳或竹编等天然材料，营造乡村氛围。整体色彩以自然柔和的色调为主。

美式家居。美式家居属极简风格，色彩以白色、灰色和金属色为主。采用中性色调，追求简洁明快的视觉效果。家具也以简约线条为主，整体色彩简洁大方。

2. 空间功能对色彩选择的影响

客厅和餐厅。客厅和餐厅是休闲生活与就餐的场所，因此色彩宜选择暖色调，营造温馨舒适的氛围。如橘红色、土黄色等色调，给人心情愉悦的感觉；也可选柠檬绿、天蓝色等明快色调。

厨房。厨房是烹饪场所，所以色彩宜选择清新的色调，如浅绿色、浅蓝色、米色等。这些颜色给人清新洁净的感受，与烹饪氛围协调一致；也可以白色为主，简洁明快。

卧室。卧室是起居睡眠的场所，色彩宜选择柔和质朴的色调。如粉红色、淡紫色、浅棕色等，营造舒适轻松的睡眠氛围。这些色彩给人以温馨自然的感受。

卫生间。卫生间是起居洗漱的场所，所以色彩宜选择简洁干净的色调。如白色、灰色、浅绿色等冷色调，给人清新宽敞的感觉。这些色彩与卫生间的功能要求相一致。

3. 采光条件对色彩选择的影响

采光良好的空间。对于采光条件好的空间，可以选择较深的色调，如红色、藏青色、棕色等。这些颜色可以吸收较强的光线，不会产生过分刺眼的效果；也可选橘红色、金黄色等暖色系，营造温馨氛围。

采光较差的空间。对于采光较差的空间，应选择明亮的色调，如米白色、浅灰色、柠檬绿等。这些颜色可以反射光线，使空间产生更加开敞明亮的效果；也可选天蓝色、浅紫色等冷色调，补充光照并扩大空间感。

部分采光较弱的空间。如果空间局部采光较弱，此处的墙面可以选择明亮的主色调，而采光较好的其他墙面可以选择暖色或深色调。这样可以对比出局部暗淡的区域，同时也不会使整体空间产生压抑的视觉效果。

窗口周围。窗口周围宜选择较深的色调，避免光线过分透入室内，造成视觉刺激感。但色彩的深度也不宜过度，以免产生压迫感。可选深红、绛紫等色调，既可以凸显窗口，也不会过分压抑空间。

4. 居住者性格对色彩选择的影响

开放型性格。对于开放、活泼的居住者，宜选择明快亮丽的色调，如橘色、红色、金黄等暖色系，也可选柠檬绿、天蓝色等冷色调。这些色彩与居住者的性格特征相符。

内向型性格。对于内向、温和的居住者，宜选择柔和轻松的色调，如粉红色、淡紫色、米白色等。这些色彩给人以宁静安稳的感觉，与其性格特征相协调；也可选浅棕色、浅灰色等中性色调。

理性型性格。对于理性、严谨的居住者，宜选择简洁大方的色调，如白色、灰色、黑白色等中性色调。这些色彩简练大气，与其性格特征相符；也可选藏青、绛紫等深色调。

年轻型性格。对于年轻型居住者，宜选择时尚明快的色调，如橙红色、柠檬绿、藏青色等。这些色彩充满活力与动感，符合年轻人的喜好特征，可以体现年轻活泼的个性。

5. 装修预算对色彩选择的影响

较高预算。对于预算较充足的家居装修，可以选择高品质、高饱和度的色彩，如明度高的红色系列、金色系列。

中等预算。对于中等预算的家居装修，宜选择性价比高且实用的色彩。例如，白色、米色、灰色等中性色调为主，辅以少量的暖色或冷色点缀。

较低预算。对于预算较有限的家居装修，应选择价格低廉大众化的色彩。主色调选择白色，再辅以少量的暖色或冷色点缀。

不同空间可划分预算。对于总体预算有限的情况，可以对不同空间划分不同预算。例如，主卧预算较高，客厅预算居中，次卧、厨房预算较低。这样可以将重点放在主要使用的空间，不同空间体现出不同的高档程度。但空间之间的色彩要相互协调，以免产生过于强烈的对比。

家居环境的色彩设计方法

家居环境的色彩设计方法多种多样。单色设计简洁但单调，互补色设计强烈但可能产生视觉冲突，其他方法也各有特点。在设计中要综合空间情况选择适宜的方法，达到简洁与变化并存的视觉效果。点缀色与色块等设计也可起到很好的装饰作用。

1. 单色设计方法

全白色设计。选择白色的不同明度，如雪白色、乳白色、米白色等。白色简洁明亮，适合小空间，但可能略显单调。此设计易与其他色彩结合，增加变化感。

全灰色设计。选择灰色的不同色调，如浅灰、中灰、墨灰、蓝灰等。灰色简洁大气且中性，但过于单一，可能产生压抑感。也可选择对比度较大的两个色调，增强变化感。

深色调设计。选用同一深色系的不同色相，如深红色、绛紫色、藏青色等。深色可以营造温馨舒适的氛围，但不宜使用在采光差的空间，以免产生压迫感。深色也需要白色、金属色等来平衡，提高明亮度。

浅色调设计。选用同一浅色系的不同色相，如粉红、柠檬绿、天蓝等。浅色使空间产生开阔的视觉效果，但易产生单调感。也可选择对比色彩作为点缀，增强变化。

混合色彩。选择同一色系内的深浅色彩进行组合，如橘红色与土黄色、藏青色与天蓝色等。这种搭配既具有颜色的连贯性，又富有层次变化，效果自然而不单调。

2. 互补色设计方法

暖色与冷色。橙红、金黄与天蓝、藏青等为暖色与冷色互补。这种搭配色彩对比强烈，视觉效果活泼但差异明显。需要过渡色调进行连接，减弱色彩之间的跳跃感。

深浅互补。深色与浅色也属于一种互补设计，色彩之间形成强烈对比，但差异主要体现在色调的深浅上，而非色相上。这种搭配效果简洁有力，色彩冲突较小，适用于各种空间。

3. 类比色设计方法

深棕与浅棕。选取棕色系中色调不同的两种颜色，如深棕色与浅棕色。这种搭配色彩差异较大但属同一色系，能够产生自然过渡的视觉效果。深浅棕色适用于各种中式或乡村风格空间。

藏青与天蓝。选取蓝色系中色调差异较大的两种颜色，如藏青色与天蓝色。这种搭配色彩差异较大但颜色相近，能够产生流畅的色彩过渡感。适用于卧室、书房等空间。

绛红与玫红。选择红色系中色调不同的两种颜色，如绛红色与玫红色。这种搭配色彩差异较大但同属红色系，色彩过渡自然连贯。适用于客厅、餐厅等空间。

橙黄与金黄。选取黄色系中色调不同的两种颜色，如橙黄与金黄。这种搭配明快而色彩差异较大，能够产生强烈的色彩变化与对比效果。适用于客厅、餐厅以及儿童空间。

灰蓝与蓝灰。选择蓝灰色系中色调不同的两种颜色，如灰蓝与蓝灰。这种搭配色彩简洁而差异较大，可以形成直接的色彩变化。适用于各种现代风格空间。

4. 渐变色设计方法

从深红到粉红。选择深红色与粉红色这两个色相相同而色调不同的颜色，形成由深到浅的渐变效果。这种渐变自然柔和，流畅平滑。适用于卧室、客厅等空间。

从藏青到天蓝。选择藏青色与天蓝色这两个色相相同而色调不同的颜色，形成由深到浅的渐变效果。这种渐变色彩变幻细致，色调变化和谐平衡。适用于卧室、书房等空间。

从灰色到白色。选择灰色与白色两个色相简洁而色调差异较大的颜色，形成由深到浅的渐变效果。这种渐变简洁明快，色彩变化直接犀利。适用于各种现代风格空间。

从茶棕到米黄。选择茶棕色与米黄色两个色相相近而色调差异较大的颜色，形成由深到浅的渐变效果。这种渐变色彩自然柔和，变幻细腻。适用于中式与乡村风格空间。

其他色彩。除上述外，橙黄色与金黄色、栗色与黄褐色等也可以形成由深到浅的渐变效果。这些渐变色彩均自然连贯平滑，过渡和谐细致。

5. 点缀色设计方法

以白色为基调，选用少量的活泼色彩如橙红、柠檬黄或藏青等进行点缀。点缀色彩在带来变化的同时，并不会影响白色简洁明亮的基调。这种设计清新简洁，富于变化，适用于各种现代风格空间。

以灰色为基调，选用少量的红色或蓝色进行点缀，增加活泼变化，同时不影响灰色简洁大气的基调。这种设计简洁内敛而富有变化,适用于办公空间或公共空间。

以棕灰或棕色为基调,选用金属色如金色、铜色或银色进行点缀。金属色点缀再配以木质家具时可以带来温馨质朴的装饰效果,同时保持棕色的基本色彩。这种设计自然质朴而具动感,适用于各种中式或乡村风格空间。

以蓝绿色为基调,选用少量的桃红或橙黄进行点缀。桃红与橙黄能带来明快变化,同时不影响蓝绿清新的基调。这种设计属自然清新风格,适用于卧室、书房等空间。

其他色彩设计。米白加橙黄、粉红加藏青等搭配也属于此点缀色设计方法。点缀色彩带来变化而不影响基调色彩,可产生简洁而富变化的视觉效果。

6. 色块设计方法

选用色相不同而色调差异较大的两个色块,如深红色块与藏青色块。这种搭配对比强烈,而色块的图形简洁有力,适用于现代风格的空间,但需要其他色彩过渡和中和。

选用色相不同而色调近似的两个色块,如橙红色块与金黄色块。这种搭配差异稍小但色块效果明快,需要更多色块或其他线性元素增加变化。适用于客厅、餐厅等活动空间。

选用色相相近而色调差异较大的两个色块,如蓝绿色块与蓝灰色块。这种搭配形成渐变过渡,色彩跳跃感强,但变化柔和自然。可以单独使用也可以加入其他色块。适用于卧室、书房等空间。

选择三种或三种以上色相不同、色调不同的色块组合,形成抽象的效果。这种设计色彩强烈而变化复杂,需要较大空间,否则会显得凌乱。适用于现代风格的公共空间或商业空间。

其他线性元素结合。在色块的基础上加入线性元素增强了色块的装饰效果及变化感,形成了节奏感。

附录一： 与环境相关的最新法律法规与政策一览

《中华人民共和国黄河保护法》（2023 年 4 月 1 日正式实施）；

《中华人民共和国野生动物保护法》（2022 年修订）（2023 年 5 月 1 日正式实施）；

《环境监管重点单位名录管理办法》（2023 年 1 月 1 日正式实施）；

《城镇污水排入排水管网许可管理办法（2022 修正）》（2023 年 2 月 1 日正式实施）；

《生态保护红线生态环境监督办法（试行）》（2023 年 1 月 1 日正式实施）；

《污染物排放自动监测设备标记规则》（2023 年 1 月 1 日正式实施）；

《重点用能产品设备能效先进水平、节能水平和准入水平（2022 年版）》（2023 年 1 月 1 日正式实施）；

《地质灾害防治单位资质管理办法》（2023 年 1 月 1 日正式实施）；

《重点管理外来入侵物种名录》（2023 年 1 月 1 日正式实施）；

《生态环境统计技术规范 排放源统计（HJ772—2022）》（2023 年 1 月 1 日正式实施）；

《印刷工业大气污染物排放标准》等四项国家大气污染物排放标准（2023 年 1 月 1 日正式实施）；

《人为水下噪声对海洋生物影响评价指南》等 12 项行业标准（2023 年 1 月 1 日正式实施）；

《企业温室气体排放核算与报告指南发电设施》《企业温室气体排放核查技术指南发电设施》（2023年1月1日正式实施）；

《上海市船舶污染防治条例》（2023年3月1日正式实施）；

《上海市浦东新区固体废物资源化再利用若干规定》（2023年2月1日正式实施）；

《上海市关于支持新城建设深化环评与排污许可改革的若干意见（试行）》（2023年1月1日正式实施）；

《浙江省固体废物污染环境防治条例》（2023年1月1日正式实施）；

《浙江省安全生产条例》（2023年3月1日正式实施）；

《江苏省长江船舶污染防治条例》（2023年3月1日正式实施）；

《江苏省机动车和非道路移动机械排气污染防治条例》（2023年5月1日正式实施）；

《广东省气候资源保护和开发利用条例》（2023年3月1日正式实施）；

《广东省建筑垃圾管理条例》（2023年3月1日正式实施）；

《云南省固体废物污染环境防治条例》（2023年3月1日正式实施）；

《重点管控新污染物清单（2023年版）》（自2023年3月1日起施行）。

（注：相关标准发布较多，只列举部分）

附录二：环境规划管理常用工具软件

GIS，Geographic Information System，地理信息系统；

LCA，Life Cycle Assessment，生命周期分析；

CF，Carbon Footprint，碳足迹；

EHS，Environment Health and Safety，环境、健康与安全；

CSR，Corporate Social Responsibility，企业社会责任；

环境管理体系（ISO14001）；

环境审计（ISO14010 系列）；

环境标志（ISO14020 系列）；

环境行为评价（ISO14030 系列）；

PEST 分析模型；

SWOT 分析模型（也称 TOWS 分析法和道斯矩阵）；

波特钻石模型。

后 记

　　本书完成的过程并不容易，从选题到梳理内容，再到详尽阐述每个细节，作者历经长期的思考、检索、讨论与修订。在此过程中，作者对环境规划与管理这一广泛而又深奥的学科有了更深入的理解，也发现自己在许多方面还需努力。环境规划的每个细分领域都蕴含丰富的学理与案例，在有限的篇幅中作者难以做到全面涉猎，这也是本书的遗憾之处。

　　回顾整个写作过程，虽然劳心劳力，但作者也获益匪浅。每完成一部分内容，作者都有一种"豁然开朗"的感觉。这也许就是写作的魅力所在——通过阐述一个学科，来进一步审视和深化自己的思考。这是一种与自己的智慧、见识较劲的过程，创造出的成果也使作者感到成长与欣慰。

　　最后，诚挚地希望本书能为读者打开环境规划与设计的大门，开拓更广阔的学科视野。同时，也希望读者能通过学习提出宝贵的意见，帮助作者进一步完善与提高相关研究。环境规划的道路还很长，让我们携手同行，共同进步。

参考文献

1. 刘天奇 . 环境技术与管理工程概论 [M]. 北京：化学工业出版社，1987.

2. 段汉明 . 城市美学与景观设计概论 [M]. 北京：高等教育出版社，2008.

3. 董鉴泓 . 中国城市建设史 [M]. 北京：中国建筑工业出版社，2004.

4. 中国城市规划设计研究院，建设部，上海市城乡规划设计研究院 . 城市规划资料集（第 5 分册）：城市设计（上）（下）[M]. 北京：中国建筑工业出版社，2005.

5. 王建国 . 城市传统空间轴线研究 [J]. 建筑学报，2003（5）.

6. 邓东，范嗣斌 . 中国气质之展现：北京中轴线城市设计 [J]. 城市规划通讯，2004（16）.

7. 董珂 . 谈中西方首都城市轴线发展背景 [J]. 城市规划，2003（12）.

8. 吴薇，刘红红 . 城市环境中的色彩景观规划 [J]. 土木与环境工程学报（中英文），2006（3）.

9. 苟爱萍 . 我国城市色彩规划实效性研究 [J]. 城市规划，2007（12）.

10. 孙晓铭，王逢瑚，邬树楠 . 城市色彩环境问题的讨论 [J]. 华中建筑，2018（2）.

11. 万春晖，秦绍 . 你的城市是什么色彩 [J]. 中国国家地理，2014（8）.

12 欧潮海 . 城市色彩的视觉形象表达 [J]. 生态经济，2011（1）.

13. 叶岱夫，杨志英 . 论高科技产业园区的园林景观设计 [J]. 武汉纺织大学学报，2005（2）.

14. 娄延辉 . 大城市边缘型高技术产业开发区城市设计初探：以西安高技术产业开发区为例 [D]. 西安：西安建筑科技大学硕士学位论文，2004.

15. 程唯 . 高科技园的规划与设计初探 [D]. 武汉：华中科技大学硕士学位论文，2004.